爱健康 | 爱生活

凤凰含章
Phoenix-HanZhang

含章 · 食在好健康系列

宝宝喂养
这样做

生活新实用编辑部　编著

江苏凤凰科学技术出版社 · 南京

图书在版编目（CIP）数据

宝宝喂养这样做/生活新实用编辑部编著.—南京：
江苏凤凰科学技术出版社，2024.2
（含章.食在好健康系列）
ISBN 978-7-5713-3752-0

Ⅰ.①宝…　Ⅱ.①生…　Ⅲ.①婴幼儿-基本知
识　Ⅳ.①TS976.31

中国国家版本馆CIP数据核字（2023）第166656号

含章·食在好健康系列

宝宝喂养这样做

编　　　著	生活新实用编辑部
责 任 编 辑	汤景清
责 任 校 对	仲　敏
责 任 监 制	方　晨

出 版 发 行	江苏凤凰科学技术出版社
出版社地址	南京市湖南路1号A楼，邮编：210009
出版社网址	http://www.pspress.cn
印　　　刷	天津丰富彩艺印刷有限公司

开　　　本	718 mm×1 000 mm　1/16
印　　　张	13.5
插　　　页	4
字　　　数	274 000
版　　　次	2024年2月第1版
印　　　次	2024年2月第1次印刷

标 准 书 号	ISBN 978-7-5713-3752-0
定　　　价	56.00元

图书如有印装质量问题，可随时向我社印务部调换。

目　录

第一章　【0～3个月新生儿阶段】
母乳宝宝和配方奶宝宝

7～9个月宝宝吃辅食

10～12个月宝宝吃辅食

第三章

第一章

【0~3个月新生儿阶段】

母乳宝宝和配方奶宝宝

【新生儿阶段】母乳宝宝

为什么要给宝宝喝母乳?

母乳是唯一针对宝宝所设计的食物?

母乳可以说是大自然中唯一针对宝宝所设计的食物,含有上千种的营养成分,能完全提供宝宝出生后前6个月的所有营养,如乳清蛋白、乳糖、脂肪酸、矿物质等。研究指出,即使宝宝1岁后,母乳仍可为其持续提供适当的营养成分,尤其是蛋白质、脂肪及多种维生素。

初乳为宝宝的第一剂预防针?

乳房第一次分泌的奶水即"初乳",就是产后约1星期所分泌出来的,呈淡黄色、带点黏稠性的母乳。初乳富含高单位的蛋白质和维生素,而其碳水化合物及脂肪含量,比3~5天后所分泌的母乳低,因此是低脂低糖,含有大量的矿物质;特别是钠含量,更是成熟乳的3倍以上,有促进胎便排泄的重要功能。此外,初乳含有抗体,能帮助新生儿宝宝抵抗感染过的母体病毒。

出生后头几天的初乳,是宝宝的第一剂预防针,含大量的免疫球蛋白,能对抗细菌和病毒,减缓导致过敏的蛋白质对宝宝的影响。此外,初乳含有大量的白细胞,具有杀菌和抵抗病毒的作用,另有抑菌物质乳铁蛋白,可降低宝宝体内坏菌的生长。

小贴士 **初乳有助宝宝抵抗疾病**

研究指出,初乳能帮助新生儿抵抗破伤风菌、百日咳菌、肺炎链球菌、葡萄球菌、白喉杆菌、沙门杆菌,甚至对流行性感冒病毒、麻疹病毒等,都能有效抵御。

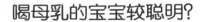

喝母乳的宝宝较聪明？

出生头几小时是建立母子关系的重要时刻，也是现今推广母婴同室的重点。母子熟悉彼此的感觉、气味和影像，对促进亲子关系有一定好处。

许多研究报告都显示，喝母乳的宝宝，罹患呼吸道感染、中耳炎、腹泻的概率都较低；儿童期的糖尿病、癌症、过敏性疾病发生率都有可能降低。

此外，研究还发现，**母乳宝宝智商普遍较高**，这或许是由于营养对智力的影响。除了营养层面，妈妈亲自哺育宝宝时，宝宝必须努力用嘴吸吮才能吸出乳汁，可借此促进肌肉和下颚的发育，增强日后咀嚼食物的能力。

喝母乳的宝宝较独立？

宝宝除了有生理上的需求，也有被爱抚、关怀的心理需求。研究儿童心理的专家指出，当婴儿的需求被充分满足时，将来个性会较独立；若父母愿意在前3年多花点心思陪伴他/她成长，日后的教养将更省力。

让宝宝喝母乳并不会让他/她们变得过于依赖，反而有许多研究发现，母乳宝宝会因为有更多的安全感而变得独立。宝宝自己会决定要何时断乳，当然也需要妈妈的正向鼓励，才能让孩子学会独立。

早产儿更要喝母乳？

妈妈从怀孕开始，身体就开始分泌荷尔蒙，让乳房组织发生变化，替未来分泌母乳而做准备。**母乳的成分会随着妈妈的怀孕周数、宝宝的喂食时间而有所变动。例如：早产儿母亲所分泌的乳汁中，含有较高的蛋白质、脂肪、钠、镁及甲型球蛋白，特别适合早产儿的需求。**

乳汁中的脂肪含量，会有时间前后的差别。在同一次喂奶时，前奶的脂肪含量较后奶的脂肪含量低，但前奶的奶水量和蛋白质含量较高。宝宝一开始会先吸到前奶，当吸吮动作减缓，停下来休息时，表示开始吸后奶了，后奶的奶水量虽不大，却可以让宝宝较易产生饱腹感而自动停止吮吸。

如何正确哺乳？

 顺利哺乳的步骤有哪些？

● **洗净双手：**哺乳前，为了让宝宝不被细菌感染，务必要先用肥皂将双手洗净。

● **清洁乳头周围的肌肤：**用干净纱布蘸取温水后，擦拭乳头周围肌肤。

● **让乳头变软：**用拇指和食指，垂直下压乳晕，然后采用双指往中间挤压的方式挤奶；并且变换手指头的位置，直到乳头变软为止，需要做5～6次。

● **保持正确且舒服的姿势：**正确的哺乳姿势，包括直立式、摇篮式、橄榄球式等。

● **确认宝宝含乳正确：**宝宝的嘴要整个含住妈妈的乳晕，嘴唇向上翻起是最佳状态，同时也要观察宝宝吞咽的情况。

小贴士 父母有人过敏，最好喂母乳

如果父母双方任何一方是过敏体质，宝宝是过敏体质的概率就会增加。为了降低过敏概率和严重度，医学界建议在宝宝1岁前，应该尽量哺育母乳，或至少哺乳6个月以上。

小贴士 哺育母乳能降低患乳腺癌概率

哺育母乳能减少母亲在停经前患乳腺癌、卵巢癌的概率；同时可降低贫血的程度、减少膀胱及其他感染，以及停经后关节炎和脊椎骨折等疾病的发生概率。

最正确的哺乳姿势是卧姿?

卧姿

妈妈躺在床上，膝盖微微弯曲，可放个枕头在头下、两腿间及背后，一侧的手放在宝宝的头下方，并支撑他/她的背部，这可说是最舒适方便的喂奶姿势。

坐姿

橄榄球式：

❶ 坐着时，双脚垫高，膝盖上放1个枕头。

❷ 像抱橄榄球一样，用手托住宝宝的头。

❸ 用手支撑宝宝的身体，让他/她的脚在你的背后。

❹ 或用手臂夹住他/她的身体。

摇篮式：

❶ 同橄榄球式。

❷ 让宝宝的头枕在你的手肘。

❸ 用前手臂支撑宝宝的身体，让他/她贴近你的胸腹。

❹ 让他/她一只手绕在你的背后，另一只手放在你的胸前。

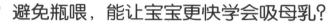

如何判断宝宝是否饱足？

避免瓶喂，能让宝宝更快学会吸母乳？

许多医院已经实行在宝宝一出生后，当妈妈还在产台上时，就把新生儿放在妈妈的怀里，让孩子自然地寻找妈妈的乳房，含住乳房并开始吮吸。同时也要特别留意，**在宝宝2～3周大时，要尽可能减少用奶瓶喂奶；否则宝宝一旦习惯了奶瓶的奶嘴后，再想让他/她学会含住妈妈的乳房用力吸奶，就困难多了！**

宝宝吸妈妈乳房的方式跟吸奶瓶奶嘴的方式是不一样的，吸奶瓶奶嘴时，就像吸手指头，只要把嘴噘起来，不需要用力就能吸到；但吸妈妈的乳头喝奶，却需要像含住整个拳头，要把嘴巴张得很大，充分吸住才能含住整个乳头。

如何观察宝宝是否喝到母乳了？

● 当宝宝含乳头的方式正确时，在快速吸几口后，会转变成慢而深的吮吸，同时间隔休息。

● 妈妈在刚开始时可能感觉乳头会有点疼痛，但几分钟后，疼痛感就会消失；如果持续疼痛，就表示宝宝含乳头的方式有问题，可以试着用手指轻压宝宝的嘴角，让宝宝张开嘴巴停止吸奶，再将乳头抽出嘴巴，重新再试一次。

● 宝宝吸奶时，若能吸到奶水，他/她的两颊不会极度凹陷而仿佛很用力吸吮，且吸奶时，也不会有啪嗒的声音。

● 若能吸到奶水，宝宝的吮吸速度会逐渐变慢变深，约1秒1次。最后，可以观察宝宝的喉咙有没有吞咽的动作和声音，若有上述现象，就表示宝宝真的喝到母乳了。

新生儿喝母乳的时间短，这样够饱足吗？

在生产过后的头几天，喂食的时间可能比较短，宝宝有时只吸完一侧乳房后就睡着了，但妈妈记得要尽可能让宝宝也吸另一侧的乳房，宝宝就会逐渐延长吸奶的时间。

最好让宝宝决定吸吮时间的长短，不过，若每次都超过60分钟，就要特别留意宝宝吸奶的姿势是否正确。如果宝宝含乳不好，就要中止吸吮，以免造成乳头疼痛。此外，**刚开始时，每侧乳房喂食的时间不宜太短，以免宝宝只吃到前奶。** 因为前奶的脂肪量低，每次只喝前奶的话，宝宝体重增加的速度会变慢。

宝宝吸吮的时间越长，就表示喝得越多吗？

专家建议，**4个月以下的宝宝应该要依"体重"来制订喂奶的标准，每千克体重平均每天应该摄取150~180毫升的奶。** 以体重3千克的新生儿为例，1天要喝450~540毫升的奶水，可以分成6~8次进食。但这都只是原则，食量大的宝宝可能还会增加奶水的量，而一般喝母乳的宝宝是按需哺乳，不必限制喝奶量。

对母乳宝宝而言，并非宝宝吸吮的时间越长，就表示奶水喝得越多；要先排除宝宝含乳姿势错误的情况，并要看宝宝是否真的喝进了奶水。

宝宝出现寻乳反应，表示要喝奶？

宝宝出生后的头几个月，会出现寻找食物的反射动作，这就是所谓的寻乳反应，也就是他/她的头会转向，同时嘴巴会张开，好像在找东西吃，或者妈妈用手指轻触他/她的嘴角，也会出现类似动作。这时宝宝可能会想要含住任何碰到嘴巴周围的东西，包括自己的手。**有些宝宝会做出嘴巴张合，伸出舌头吸吮的动作，如果睡在妈妈身边，会转向妈妈，用小手碰触妈妈，这些都是想要吃奶的表现。** 若饿到哭，通常表示已经过饿，此时宝宝已没有耐心含住妈妈的乳房吃奶。因此，最好的哺育方式是在宝宝出现寻乳反应时，就喂宝宝喝奶，不要等到哭了才喂。

如何判断宝宝喝饱了没有?

● **方法一：宝宝出生后前2个月，每天喂食6～12次或更多**

母乳容易消化吸收，宝宝几乎每2～4小时就要喝1次奶，甚至有时候不到2小时，尤其在晚上，这都是正常的。通常1天要喂奶8～12次。

● **方法二：由体重来判断**

宝宝出生1周后，体重就会不再下降而开始回升，出生后2周内就能恢复到出生体重。以正常的成长速度，前3个月，每个月的体重约增加1千克，表示宝宝喝的奶水量足够。

● **方法三：从尿量判断**

宝宝是否喝足，可从尿量判断。如果1天尿湿了至少6片纸尿裤，且尿的颜色不太深，就可知道宝宝已获得足够的奶水。

宝宝没有吃饱是因为喂奶不顺?

宝宝没有吃饱的常见原因，大多和喂奶的过程、妈妈的心理因素有关。

宝宝没有吃饱的原因：没有在出生后尽早开始喂奶、喂奶的次数不够多、晚上没有哺乳、喂奶的时间过短、宝宝含乳不好、宝宝身体欠佳或口腔有痰，或妈妈缺乏信心、忧虑和受到周遭的压力、不喜欢哺乳等。

还有其他比较少见的原因，是因妈妈的身体状况所造成，例如妈妈使用药物、严重营养不良、生气、饮酒或抽烟等。

 避免宝宝饿肚子的方法

● 当宝宝想吃时就喂，不要限制吸奶的时间和次数。
● 注意宝宝含奶的姿势是否正确，只有姿势正确才能将奶水顺利吸出。
● 妈妈要保持心情愉快，因为压力会让奶水减少。只有妈妈心情愉快，才能让奶水源源不断地分泌出来，或可尝试一些刺激分泌奶水的方式。

宝宝体重没增加，表示奶量不足？

产后的前2个星期，每天哺乳6～12次，大约每2小时哺乳1次，日后会逐渐调整成每3小时喂1次奶。3个月后，平均每4小时喂1次奶即可。不过要视宝宝本身状况做调整，若习惯每2～3小时就要喂奶，就不要强迫改变为每3～4小时才喂奶。**当宝宝体重没有增加，又不易入睡，有可能是因为奶量不足。**

该如何观察奶量是否足够？**如果乳房胀得大大的，且从乳头处会滴滴答答地流下奶水，或乳头前端向上凸出，轻轻一压，奶水就会流出时，就表示奶水充足。** 如果没有类似现象，则表示母乳的分泌量较少。

素食妈妈的宝宝营养足够吗？

大部分的素食妈妈是不需要特别补充营养的，不过有些全素妈妈或宝宝，可能会缺乏维生素B$_{12}$，而影响日后宝宝的神经系统发育。 由于维生素B$_{12}$的主要来源是动物性蛋白质，因此建议禁吃肉类和蛋奶制品的全素妈妈，要额外补充维生素B$_{12}$。

建议哺乳期的妈妈们食用些大豆制品，因有些发酵的大豆制品或酵母，都是维生素B$_{12}$的来源之一。大豆、胡桃、亚麻籽油等含有DHA，有助于宝宝的视力和脑部发育。此外，要让宝宝有适当的日晒时间，以补充足够的维生素D。

喝奶时间到了，若宝宝还在睡，要叫醒他/她吗？

虽然有许多专家学者认为，给宝宝固定喝奶时间是件好事，不过，好的睡眠对宝宝来说也是非常重要的。因为人体中提供成长所需的生长激素，只有在深沉的睡眠状态中才会分泌。**如果硬要强迫宝宝起床喝奶，不但会出现类似成人一样睡不饱、情绪不好的状况，而且容易呛奶。所以如果宝宝成长发育良好，就不必担心睡过久会吃得较少的问题。**

从另一个角度想，宝宝饿了自然就会醒了，只要一天喝的奶量足够，妈妈就不用担心！但喝奶的次数常常在5次以下，就要注意体重是否增加，避免宝宝过于贪睡而忘记喝奶。

宝宝喝奶又快又急怎么办?

1个月内的新生儿宝宝喝完奶后, 2~3小时后又会饿了, 纯母乳喂食的宝宝的时间会更短, 但为了调整宝宝的作息, 常会固定3~4小时才喂1次奶, 这样就容易让宝宝因受不了饥饿而哭闹。若有这种情况, 宝宝喝奶时就会狼吞虎咽, 又快又急, 因而容易吸入过多的空气, 导致胀气。

事实上, **多久喂1次奶应视每个宝宝的情况决定。** 对于喝奶又快又急的宝宝, 妈妈可在喂奶过程中, 让宝宝多休息, 每喝完一小段时间, 就先帮宝宝拍背排气; 也可以擦一点胀气膏帮助排气, 以免宝宝因吸入过多空气而溢奶。

宝宝边睡边喝怎么办?

饿了就吃可说是正常的生理反应, **如果宝宝会边睡边喝, 或爱吃不吃时, 大都表示"宝宝不饿"。** 因此, 如果宝宝喝奶的时间拖得太长, 动辄就要个把钟头, 建议干脆停止喂食。由于新生儿需要比较多的睡眠, 若没有完全醒来, 就容易拖长喂奶时间; 如果宝宝在喝奶时睡着, 不妨拉拉耳垂、挠挠脚底, 以避免宝宝含奶睡觉。

边睡边喝奶瓶的习惯, 容易造成宝宝日后出现"奶瓶性龋齿"; 即使还没长牙, 也应避免。 所以, 当宝宝喝着喝着就睡着时, 请记得立刻要停止喂奶, 不要养成习惯。宝宝若饿了, 自然会醒来想吃, 这时再喂奶, 就可避免喝奶喝到睡着的情况。

小贴士　给妈妈的喂奶建议

❶ **少食多餐刺激乳汁分泌：** 3个月内的新生儿仍应以少食多餐的方式喂食母乳, 这样也正好可以让奶水的分泌变正常。

❷ **观察宝宝的饥饿暗示：** 虽说喂奶不应按表操课, 但妈妈应随时观察宝宝的吸吮反射; 只要出现饥饿暗示就喂奶, 不要等到哭了才喂。

喂奶时间需要有规律吗?

喂奶时间是否需要固定,众说纷纭,在医院按表操课的原因,通常是希望建立规矩,让医疗行为较好进行。**回到家后,就应按照宝宝的正常生理状况给予喂食,尤其在新生儿阶段,还是符合宝宝本身的作息规律较好,但也不要因此而误解"饿了就吃"的喂食方法。**很多妈妈把宝宝哭闹当成是饿了,只要一哭就喂,会让宝宝产生哭闹和喝奶的条件反射。

通常满2个月的宝宝,大约4小时就要喂1次奶,1天需要喂食5~6次;2~4个月的宝宝,因为每餐的食量较多,可以延长喂食时间,大约1天5次;等到宝宝5个月以上,1天喂4次奶就已经足够。当然,这得视宝宝辅食进食状况而定。如果是早产宝宝或出生时体重过轻,更应该增加喂奶的次数或喂奶量。无论如何,只要宝宝强烈表现出喝奶的需求,当然就要给予满足。

母乳宝宝需要喝水吗?

母乳内含有丰富的水分,即使天气很热,也不必额外添加水或葡萄糖水。医学研究发现,在宝宝出生后的1~2周内,若是额外喂宝宝水或葡萄糖水,反而会增加宝宝出现黄疸的可能性。不管母乳还是配方奶宝宝,当开始吃辅食后奶量减少,就需要开始添加水分,避免因水分摄取不够发生便秘。

至于是否需要添加配方奶,除非是妈妈有特殊状况或生病,否则宝宝出生后的前1个月内,也就是坐月子期间,最好不要添加配方奶,这样更能增进亲子关系;而且宝宝喝母乳长得好,能增强免疫力,母亲也能尽快恢复身材,一举多得。

母乳的保存期限是多久?

母乳如何保存?

储存母乳的过程直接影响母乳的品质，建议要细心保存，可以使用市售母乳袋储存。**而无论使用何种容器储存，都须注意不要放太多的奶水，以免喝不完丢掉**，也避免奶水在冷冻的过程中胀破容器。

母乳的储存有期限吗?

挤出的奶水若没有在1小时内喝完，就应该立即放入冰箱保存；若是送到医院给生病或早产儿宝宝食用，应将挤出的奶水置于消毒过且可密闭的硬容器，以减低奶水受污染的概率，尽快送达医院。

小贴士 保存母乳要注意的事项

- 在容器外贴上挤奶的日期和时间。
- 注意挤奶过程的清洁，挤奶时不要碰到容器的内侧。
- 不要放冰箱门边，尽量储放在冰箱内部，这样不会因开关门而影响温度。
- 冷冻过的奶水，油脂会浮在奶面上，有两层是正常的，只要回温后稍微摇晃即可。

给足月健康宝宝奶水的储存时间建议

储存处	奶水状况		
	刚挤出来的奶水	在冷藏室内解冻的奶水	在冰箱之外，以温水解冻的奶水
冷藏室（0~4℃）	24小时	24小时	4小时
独立的冷冻室	3个月	不可再冷冻	不可再冷冻
−20℃以下的冷冻库	6~12个月	不可再冷冻	不可再冷冻

冷冻过的奶水如何回温?

冷冻过的奶水,可在要喂奶的前一晚先拿出冷冻库,放到冷藏室慢慢解冻,**解冻时间约需12小时**。也可以放在流动的温水下隔水解冻。等到要喂奶时,再将冷藏过的奶水放在室温下回温即可。此外,**也可以将奶瓶放在装有温水的容器中回温,但温度最好不要超过60℃,且水位不能超过瓶盖。**

没喝完的回温母乳可以再次回温吗?

回温过的母乳,只能在一餐中喝完,千万不要留到下次喂奶时再次回温。因为奶水若回温后,又反复冷冻加热,容易增加细菌滋生的机会,母乳中的营养物质也会一再被破坏,反而失去营养。

冷冻母乳要解冻时,最好用40℃左右的温水解冻,回温不要超过60℃;回温后,要立刻喂给宝宝喝,喝不完的则丢弃。**如果把整包冷冻母乳放进微波炉或热水中隔水加热,会破坏母乳中的免疫物质,一定要注意避免。**

小贴士 奶水解冻注意事项

- 绝对不要用微波炉解冻。
- 食用前可先轻轻摇晃,让脂肪混合均匀。

哺乳妈妈要怎么吃？

母乳妈妈该如何补充营养？

　　哺育母乳的妈妈，每天会消耗2092~4184千焦的热量，这也是哺育母乳可以瘦身的关键。虽然营养不良的妈妈也可以产生足够的奶水给宝宝喝，但为了自己的身体健康及奶水的营养，还是应该注重哺育母乳时的营养摄取。

　　一般来说，**哺乳妈妈的营养应该比一般人要更均衡**，5大类营养成分（碳水化合物、脂肪、蛋白质、维生素及矿物质）都要摄取；且**除了3餐，还可以多吃1~2餐点心**，最好以汤汤水水的食物为主。继续服用怀孕期间食用的复合维生素，这也是不错的补充营养方式。

哺乳期间妈妈偏食，宝宝也会偏食？

　　人们对食物口味的偏好，除了基因的影响，环境的影响也是其中之一；而影响宝宝口味、偏好最大的阶段，是宝宝3~4个月大时。

　　研究指出，**母乳宝宝对食物的口味、偏好和接受度，会受到妈妈的饮食偏好影响，而这个记忆会造成日后对食物的喜恶。**由于味道是由味觉和嗅觉所组成，从婴儿时期对食物形成的记忆，确实会影响未来对食物的感觉，这也就是为什么有人喜欢重口味，有人特别喜欢吃蔬菜的关键原因。

哪些食物有发奶的功效?

具有发奶功效的食物,关键就在于营养成分。**能够帮助发奶的食物,几乎都具有"高蛋白、高油脂"的营养成分。**母乳妈妈除了每天要摄取足够的水分(2000~3000毫升),也应该多吃这类食物(如鸡汤、鱼汤、花生、猪蹄等),补充足够的营养,奶水就会源源不断。

哪些食物吃了会退奶?

有发奶食物,当然也有退奶食物,**如韭菜及麦芽水(将麦芽草煮成水,不加任何调味料)就可抑制乳汁分泌,有退奶功效。**虽然没有获得具体的科学验证,不过许多哺乳妈妈试过,有相当高的成效。

此外,性寒凉的食材也会引起退奶,如人参、麦茶、竹笋、薄荷、菊花茶、瓜类、芦笋和水梨等。

如何追奶?

如果想"追奶",最好的方式是每次哺乳1小时后,再排空乳汁,可以用手或挤奶器将乳汁挤到奶瓶中,让宝宝下一餐食用。追奶虽然辛苦,但若能持续喂宝宝,再多吃一些发奶食物,通常很容易把奶量追回来。

小贴士 会令宝宝躁动的食物

- **含咖啡因多的食物:**如咖啡、巧克力、可乐及茶叶中都有咖啡因。如果妈妈1天的摄取量少于300毫克,对宝宝的影响不大;但若长时间摄取大量咖啡因,则可能使宝宝出现躁动不安、不好好睡觉的现象。
- **刺激性食物:**如大蒜、辣椒等,气味会反映在奶水中。若宝宝不喜欢这类味道,也会让其心生抗拒。
- **退奶食物:**韭菜和中药的麦芽、人参等,会让奶水量大减。虽然并非适用每个人,但仍建议避免食用。
- **致敏食物:**若父母双方或其中一方有过敏体质,对于个人或家族中已确定过敏的食物需避开,并不需刻意避开所谓容易过敏的食物。如同打预防针,借由母乳先行提供一些过敏原,刺激宝宝自然产生一些抗体去适应。

哺乳期间妈妈可以服药吗?

母乳妈妈可以吃药吗?

母亲吃的任何东西,大多会出现在母乳中,包括药物。但是**绝大多数的药物囤积在母乳的量很少,一般对宝宝来说没有大的影响。不过在母乳喂养期间,还是应提醒开药的医师,少用可能影响宝宝的药物。**

有些抗癌药物会干扰哺乳宝宝的细胞代谢,影响其免疫力及抑制造血的功能,还有一些药物会引起宝宝的不适、不良反应等,妈妈在服用药物前最好先寻求专业意见。也不应在母乳喂养时吸毒。如果妈妈需要服用抗生素来治疗乳腺炎,就应该按照时间服用药物,以免影响治疗效果。

虽然会经由母乳影响胎儿的药物种类很少,但妈妈若仍旧担心,**可以把吃药的时间稍做调整,例如喂完奶后立刻服药;或在宝宝预计会睡较长时间的那一餐服药,都可以减少药物对宝宝的影响。若真的很担心,可以放弃吃药期间的母乳,母亲仍要照常挤奶,才能维持奶量。**

有哪些药物是母乳妈妈最好不要碰的?

母乳妈妈服用以下药物时对宝宝有影响:

● **抗癌药物:** 抗癌药物会干扰宝宝的细胞代谢,影响宝宝的免疫力及抑制造血能力。

● **磺胺类药物:** 会干扰新生儿体内黄疸对脑部的影响,在宝宝刚出生的第一个月内最好不要服用。

● **抗忧郁、焦虑药物:** 如果哺乳妈妈长期服用,可能会对宝宝的中枢神经系统造成长期的不良影响。

● **四环素类药物:** 经研究显示,四环素类有可能使宝宝的牙齿出现染色或影响骨骼成长,但在母乳中的含量很低,影响不大。

妈妈感冒更要喂宝宝喝母乳？

妈妈感冒时，不论宝宝是否喝母乳，都可能经由空气或飞沫而感染相同的病症。**从母乳中，宝宝能得到妈妈体内的抗体，反而使症状减轻，也就是说，这时候更需要喂食母乳。**

不过，当妈妈感冒时，记得在近距离接触或照顾宝宝前，务必先洗手，且戴上口罩，避免飞沫、喷嚏直接接触宝宝。

母乳妈妈抽烟，宝宝会吸到尼古丁吗？

香烟里的尼古丁会进入妈妈的血液里，也会使得母乳宝宝由母乳中摄入微量的尼古丁。国外研究指出，长期通过母乳吸收尼古丁，会对宝宝造成不良的影响。因此，为了宝宝的健康着想，不论是自己或家人，尽量不要吸烟。

哪些疾病会通过母乳传给宝宝？

● **B型肝炎：**B型肝炎会经由生产过程垂直传染给宝宝，因此医院会要求宝宝在出生后，随即注射B型肝炎球蛋白及常规的B型肝炎疫苗。目前母乳中虽可分离出B型肝炎病毒，但许多医学报告都已确定，只要宝宝有注射常规的疫苗，就不会增加感染的机会。

● **艾滋病：**艾滋病主要经由血液传播，但现在仍无法确定宝宝若感染了艾滋病，是否和母乳喂养有关。但还是建议患有艾滋病的母亲，不要母乳喂养。

● **结核病：**患结核病的妈妈会经由子宫内的感染传染给宝宝，不会经由母乳传染；但是如果妈妈的结核病有传染性时，还是应该和宝宝分开，避免感染。

● **疱疹：**不会经由母乳传染，除非疱疹的位置是在乳头、乳晕附近，就要避免让宝宝直接吸吮。

17

哺乳妈妈最常问的问题

剖腹产妈妈何时开始哺育母乳?

剖腹产妈妈因为只有半身麻醉,仍是清醒的,**所以生产后随时都可以要求和宝宝有肌肤相触的机会;而且和顺产妈妈一样,产后越早开始喂奶,就能越早让宝宝习惯你的气味、声音**,让宝宝习惯吸吮你的乳房,降低胀奶的不适感,同时让你的奶水更快充足,这也是母婴同室的重要性所在。

如果宝宝在身边,可以很容易观察宝宝的喝奶需求;但若宝宝住院无法在身边时,医生会视情况尽早安排喂食宝宝。

不要担心因为宝宝没有立刻吸吮乳房而没有奶水,生产后的泌乳反应自然会开始作用;且刚出生的宝宝奶水需求也不多,刚好就是妈妈初分泌的奶量。

母乳宝宝较配方奶宝宝瘦?

旧版的儿童生长曲线参考的样本是以喝配方奶的宝宝为标准测量,因此发现,喝配方奶的宝宝容易胖,但母乳宝宝会比较结实、精瘦。很多妈妈以为是母乳让宝宝的体重降低,其实不然!

新版的儿童生长曲线已针对现行宝宝标准来制定,并鼓励宝宝应该多喝母乳。只要成长曲线落在3%~97%范围内,就属正常;如果在健康检查时发现,生长曲线和之前突然差了两格,就应留意健康是否出了问题。

添加米酒的补品,哺乳妈妈能吃吗?

医师建议,产后妈妈1周内不要吃添加米酒的食物。**因传统的进补食品,如麻油鸡、麻油腰子等,在烹调过程中会加入米酒,请产后妈妈1周后再食用。**

米酒的添加量,则需考量产妇体质和个人酒量,以"适量"为原则。因为米酒会转化到乳汁中,因此建议米酒要煮至酒精全部挥发后再食用,以免婴儿喝到太多残留的酒精。

由于婴幼儿的肝脏功能较弱,代谢酒精的能力不如成人。**若一定要喝添加米酒的补汤,请哺乳完后再进食,或饮用后3小时再哺乳,并酌量饮用。**

母乳宝宝的排便次数1天9次都属正常?

通常喝母乳的宝宝较少有便秘的困扰，刚出生的新生儿宝宝，有时甚至会1天排便6～9次，是因为新生儿每2～3小时就要喝1次奶，且新生儿的肠胃是直肠反射，如此频繁的喝奶次数，使排便次数居高不下。等到宝宝4～6个月大，肠胃功能比较成熟，喝奶的次数减少，间隔时间延长后，排便的次数就会渐趋正常，1天1～3次。

到了6个月以上，宝宝的排便次数会再次减少，因为这个阶段母乳的浓度会转稀；且宝宝的胃肠道功能逐渐成熟，能完整吸收母乳的养分，同时开始吃辅食，排便次数会和大人相近，1天1次或2天1次。

超过1岁还在喝母乳的宝宝，有时也会4～5天才排便1次，但这不是便秘，只要宝宝的胃口佳、活动力不错，且排出的便便呈条状，排便时没有痛苦的感觉，就算正常。

宝宝出现黄疸还能再喂母乳吗?

黄疸是一种亚洲宝宝常见的现象，和母乳喂养没有直接关系，因此不需要停止母乳喂养。但当宝宝出现皮肤泛铜黄色、大便颜色变白（也有可能是胆道出现问题的现象），或宝宝的活动力、吸吮力变差时，有可能是受到细菌感染或尿道感染，就要请医师诊治。

母乳喂养期间出现黄疸有2种可能，即早发性黄疸和晚发性黄疸。研究发现，出生后每天喂食母乳8～12次的新生儿，较少出现黄疸现象，也就是说喂食母乳次数较多的新生儿，不容易出现黄疸。

晚发性黄疸通常是在宝宝出院回家后，过了10～14天，发现宝宝的皮肤仍然黄黄的，甚至比出院前更黄，造成的原因和母乳中的一种特别成分有关，这样的黄疸现象会持续到宝宝2～3个月大才逐渐消退。出生后2周内，若黄疸明显，则需到医院检查胆红素是否过高，以决定是否需要治疗。

妈妈亲喂如何预防乳腺炎？

在喂完母乳后，事后的处理也很重要，若乳腺中有过多母乳残留，又置之不理，容易引发乳腺炎。因此，**当宝宝喝饱后，最好再挤1次奶，挤到母乳不会大量流出时即可。**此外，也可以将后奶挤出，稍微涂抹于乳晕及乳头上，帮助保持乳晕和乳头的滋润度。

若平时喂母乳很顺利，但母亲乳房突然开始疼痛，且宝宝食欲变差、脾气不佳，可观察宝宝的口腔中，是否有白色乳酪状的鹅口疮；若有，是感染了念珠菌，需立刻到医院涂抹抗霉药粉，持续治疗3~4天即可改善。

有乳腺炎可以哺乳吗？

如果乳汁没有完全吸净，可能造成乳房组织发炎，就是所谓的非感染性乳腺炎；但有时乳房也会被细菌感染，引发感染性乳腺炎。

出现乳腺炎时，通常妈妈会觉得乳房局部有硬块且非常疼痛，皮肤发红，甚至会发热及感到疲惫。这时一定要将乳汁全部挤出，才能改善。**即使乳腺发炎了，还是可以持续喂母乳，并不会增加宝宝感染的机会。**

通常只要乳房的奶水被挤出来后，乳腺炎就会好转；但如果情况严重，且有明显的发热现象，或乳头出现破皮或裂开的状况时，就需要请医师诊治，但这时仍可考虑继续喂母乳。

妈妈的心情会影响泌奶量吗？

妈妈的乳汁分泌多少，和正确哺乳及宝宝的刺激次数有关，也就是说，**吸得越多，分泌得也会越多；**不过，妈妈本身的营养、健康和心理状况，也是影响乳汁分泌的关键因素，**有时妈妈承受太多的压力，就会出现奶量不足的现象，这是正常的！**只要经常按摩刺激乳房、摄取足够的营养、保持心情愉快、作息正常，就可以分泌足够的乳汁。

喂母乳时请放轻松，过度担心要求全母乳反而有压力而挤不出。这时，可适当地用配方奶加上饮食调理，多喝水或汤，再逐步增加奶量即可。

奶量不够的解决方法?

判断奶量是否足够,可以观察宝宝的体重增加速度、尿量、喂奶次数等,如果发现奶量真的不足,也不用过于自责。

通常奶量不足的情况都是暂时的,原因可能是妈妈开始上班、居家环境改变、宝宝或妈妈生病,或妈妈过于劳累、工作压力大等,以及影响妈妈情绪的问题过多,导致影响乳汁的分泌及喷乳反射。只要妈妈情绪恢复,增加让宝宝吸奶、挤奶的次数,或吃发奶食物,通常几天后就可恢复奶量。

每天要喝2000毫升的水、汤、豆浆等,再加上持续进行乳房按摩、挤奶等动作,并耐心地让宝宝吸奶,增加喂奶或挤奶次数,一日6次,虽然费时间,却有不少妈妈因为这样的动作而增加泌乳量。如果这些努力都做过了,还是无法改善,也可以考虑用配方奶来补足。

母乳不足,可以与配方奶一起喂吗?

尽可能让宝宝只喝母乳。若是因为母乳分泌不足,担心宝宝吃不饱,可以考虑暂时用配方奶补足,建议只要能挤出一些母乳,就不要轻易放弃让宝宝吸食。也就是说,**即使想要以配方奶补足宝宝的食量,也应该以母乳为优先,不足部分再以配方奶补充。**

每次喂奶时,最好让宝宝吸吮两侧乳房各5~15分钟,可刺激增加泌乳量,也能加强亲子间的交流。若母乳真的不够宝宝喝,才考虑喂配方奶。

为何有时奶水浓稠,有时却稀稀的?

妈妈摄取的营养会直接反映在奶水上,若饮食中的油脂、蛋白质较多,又正好是乳汁的制造原料,奶水会较浓稠。相反,若妈妈饮食较清淡,会发现即使每天喝很多汤汤水水,奶水仍稀,所以宝宝可能不到2小时就饿了。

也就是说,**妈妈在补充汤水时,还是要多留意饮食内容,多吃高蛋白质的食物,才能分泌出浓稠的奶水。**

适度挤奶,改善胀奶不适

如果上班时胀奶情形很严重,可稍微挤掉一些,减轻不适感;若没有定时挤出奶水,很可能几天后分泌的奶量就会减少。

职业妈妈如何持续哺乳?

上班的妈妈可以持续母乳喂养,很多职业妇女能持续母乳喂养直到孩子2~3岁。秘诀在于**上班前先直接喂宝宝喝奶,上班时再利用休息时间挤奶,冷藏后带回家,留给宝宝第二天喝**,回到家后再直接亲喂宝宝喝奶。当然,这种方式必须请照顾宝宝者支持和耐心配合,才能顺利完成。

妈妈怀孕了,就不能再哺乳了?

很多人误以为怀孕后就不能再哺育母乳,其实不完全正确,**只要妈妈愿意,就可以持续喂奶**。然而,由于奶量可能不够,宝宝必须搭配其他固体食物,营养才会足够。但对一些**怀孕时比较容易有并发症或流产概率较高的妈妈而言要小心**,避免因为乳头的刺激而造成早期宫缩。

怀孕时,奶水的分泌量确实会降低。不过,如果这时宝宝已经开始吃固体食物,这就不是问题了,有时宝宝会因奶水不足而停止吸奶。

 职业妈妈哺乳要诀

- **让宝宝学会2种进食方式:** 在宝宝出生后的2个月内,尽量让宝宝喝母乳;到了快上班的前1~2周,才让宝宝学习使用奶瓶喝奶,这时候,宝宝对混淆乳头的可能性就不大了。
- **调整喂母乳的时间:** 如果上班的地方不允许挤奶,就在上班前先喂1次母乳,其余时间让宝宝喝配方奶,等到下班后,再持续喂宝宝母乳。不过,在上班前1~2周,就要开始逐渐减少白天喂奶的次数,免得上班时胀奶。

补充配方奶后，宝宝就不爱吸母乳了？

吸奶瓶比吸吮妈妈的乳房要轻松得多，不需要使尽力气就能饱餐一顿，因此有许多宝宝喝了配方奶后（严格来说应该是用奶瓶喂奶后），就不爱妈妈亲喂母乳。

建议至少持续母乳喂养直到宝宝6个月大。如果宝宝不愿意吸母乳，也应该将母乳挤出，用奶瓶喂养。若需喂配方奶，也最好是以配方奶补足母乳量，**应该先让宝宝吸食母乳后再喂配方奶较佳。**

宝宝断奶后，乳房怎么护理？

宝宝断奶后，乳腺还是会分泌一段时间的母乳。如果置之不理，母乳会残留在乳腺，可能造成乳腺炎，因此，断奶后务必做好乳房的护理工作。

当妈妈准备停止授乳时，母乳的分泌量就会逐渐减少，这时如果仍觉得乳房热热胀胀的，可以用湿毛巾冷敷；如果疼痛难耐，也不妨稍微挤出一些乳汁，只要挤到第3天，乳头周围变得柔软即可。

3天以后只要挤少量母乳，让乳腺保持畅通即可。之后，拉长时间，每隔1周、2周、1个月，都挤少量乳汁出来，最后等到挤出像初乳般高浓度的乳汁时，就表示乳房护理完成了。

母乳宝宝喝母乳可以喝到几岁？

根据美国儿科学会的建议，妈妈可持续哺乳到宝宝1岁以上；世界卫生组织则建议最好持续哺乳2年。当宝宝开始补充辅食时，妈妈乳汁的分泌也将逐渐减少，**1岁后成功换成幼儿食品，正常饮食可以摄取到充分的营养时，可以开始考虑让宝宝不完全依赖母乳。**

不过，即使宝宝开始吃辅食，母乳仍是宝宝大部分的维生素、蛋白质、脂肪及消化酶的来源，且可使宝宝的精神安定，因此喝到2~3岁都没关系。但当怀下一胎时，即可考虑让宝宝断奶，因为乳头受刺激容易让子宫产生收缩，使流产或早产的概率升高，这时是断奶的好时机之一。

0~3个月 【新生儿阶段】配方奶宝宝

如何选购配方奶?

什么是婴儿配方奶?

"婴儿配方奶"是指利用乳牛或其他动物的乳汁，及其他动植物提炼成分为基本组成，再添加类似母乳中的营养成分，能提供婴儿生长发育所需营养的人工合成奶类，就是所谓的"婴儿配方奶"，通常在母乳不足、妈妈有特殊疾病等原因而无法哺喂母乳时，作为母乳的替代品。

目前市面上的婴儿配方奶达上百种，大致分为适合一般婴儿食用，以牛奶为基础的婴儿配方奶；须经医师和营养师的指导才可喂食的特殊配方奶及早产儿配方奶3种。

配方奶营养够吗?

依照相关规定，婴儿配方奶中的所有成分，都必须是被认可的安全食物成分；或者是可以作为食品添加剂，才能被添加在婴儿配方奶的制造过程中。

所有婴儿配方奶上市前，制造商都必须出示证明，确保所添加的每项营养成分皆合乎品质及安全要求。国家卫生部门也会确认其有良好的制造流程、安全的管理保障，才会让商品上市。

婴儿配方奶虽不像母乳般拥有丰富的免疫物质，但营养成分是仿照母乳中的营养来调配，各种营养比例虽和母乳不尽相同，但仍含有必要的营养成分。

如何选择婴幼儿配方奶?

市面上的婴儿奶粉品牌很多，购买前须先确认是否有国家认证的健康标志（QS）。

此外，**知名品牌是选择的主要依据；食品标示和营养成分更是必备重点。**总之，切忌购买不符合上述条件及来路不明的奶粉。

配方奶宝宝需要喝水吗?

6个月以下的婴幼儿，喝奶就能吸收足够的水分；喝水则可能影响宝宝食欲，或减少喝奶量。所以不必特别让宝宝多喝水，但若喝奶后喝两三口水漱漱口则无妨。

一般的配方奶都会标示，冲泡配方奶时奶粉和水的比例，通常比例是水占87%、奶粉占13%。婴幼儿喝配方奶时已喝下足够水分，母乳的水分含量更高。因此，只要按时喂奶，就无须担心水分摄取不足。遇到发热时，需要增加水分，亦可增加喝奶量获得水分。

宝宝喝配方奶较易感染嗜血杆菌?

配方奶粉是以牛奶、羊奶为主要原料，营养层面上以母乳为依据添加各种营养成分而成，但不像母乳拥有丰富的免疫物质，能保护宝宝不受外界的侵害，营养成分的吸收也不如母乳。**喝配方奶的宝宝，受嗜血杆菌感染的机会，比喝母乳的宝宝受感染的机会高出4~16倍。**

此外，配方奶受污染的机会也较高，如因制造过程产生的毒奶粉，或因制造或保存过程不当而致使某些细菌及重金属等隐藏于奶粉中。

什么是婴儿特殊配方奶?

婴儿特殊配方奶是指一些有特殊生理状况的婴儿，须食用经特殊加工处理的奶粉，**这类婴儿配方食品，必须经过医师、营养师的指导才可食用。**

水解蛋白配方奶可以预防过敏?

所谓水解蛋白配方奶粉,其蛋白质经过水解酶和加热的作用而分解成很小的分子,使牛奶蛋白中原本会导致过敏的结构被破坏,所以可以降低致敏的概率。

一般来说,水解程度越高的配方,其分子量越小,所以预防过敏的效果也相对较好。而根据蛋白质分子量的大小不同,水解蛋白配方奶又可分成完全水解及部分水解两种。

乳糖不耐受症宝宝该喝什么奶?

宝宝在婴幼儿时期出现乳糖不耐受症时,容易因为严重的腹泻造成脱水或体内电解质失衡,严重时可能危及生命。所以当宝宝有乳糖不耐受现象时,就必须避免食用所有含有乳糖的食物,也包括一般的配方奶粉,并改喝豆奶或者选用不含乳糖的奶粉。

小贴士 特殊配方奶的种类

● **不含乳糖的婴儿配方奶:** 适用对象为腹泻或对乳糖耐受度不高的婴儿,原料来源以牛乳或黄豆为基础的无乳糖婴儿配方奶。
● **部分水解奶粉:** 适用于较轻微的腹泻或过敏的婴儿。
● **完全水解奶粉:** 适用于严重的腹泻、过敏或短肠综合征的婴儿。
● **早产儿配方奶:** 将主要成分乳糖改为葡萄糖聚合物,并且以中链脂肪酸取代部分长链脂肪酸。

消毒奶瓶到宝宝6个月

奶瓶的消毒最好要坚持到宝宝6个月大,因为6个月内的宝宝,须注意器具清洁,以免感染胃肠炎而影响成长。

奶瓶该怎么挑？

如何选购奶瓶？

玻璃奶瓶

优点： 不易刮伤、好清洗，装母乳可隔水加热，加温不易发生化学变化。

缺点： 较重，宝宝学拿奶瓶时易摔破。

PC塑料奶瓶

优点： 较轻、耐摔不易破。

缺点： 易刮伤、易残留奶垢、不易清洗，冲泡配方奶或用蒸气消毒时，易产生化学毒素。

注意事项： 现在已不建议使用。

PES奶瓶

优点： 较轻、耐摔且不易破裂，冲泡配方奶或蒸气消毒时不易产生化学毒素，不含环境激素，耐热180℃，可微波炉加热。

缺点： 易残留奶垢，不易清洗。

注意事项： 奶瓶内若有刮伤，须更换。使用专用奶瓶刷清洁，不容易刷伤瓶身。

奶瓶如何消毒？

奶瓶和奶嘴都要消毒，以"煮沸法"的杀菌效果较好。使用煮沸法时，须留意器具耐热度。奶瓶置入锅中，加冷水沸煮，5分钟后放入奶嘴，再煮3分钟即可。冷却后，将水沥干，并将水倒掉。锅经煮沸后是无菌的容器，可将消毒过的奶瓶置入原锅，用原本的蒸气消毒。

如何选择奶瓶上的奶嘴？

合适的奶嘴，可避免呛奶并促进下颚发育。材质应选较硬、宝宝用力吸吮才能喝到奶的奶嘴。奶嘴的形状和尺寸，也是必须考量的重点。

●**圆孔：** 若依吸奶力和月龄区分尺寸，新生儿宝宝最好选择小圆孔（S），喝奶很急的宝宝，则更应避免使用大圆孔（L）。

●**"Y"字孔：** "Y"字孔的奶嘴出奶量，会随宝宝的吸奶力改变，因此不必更换尺寸；特征是宝宝吸起来比圆孔奶嘴还要吃力。

●**"十"字孔：** 出奶原理跟"Y"字孔相同，开口较大，适合添加米、麦粉在配方奶中，或喂果汁等含有膳食纤维的饮料时使用。

怎么冲泡奶粉最正确?

● 第一步

先消毒所有的器具。

● 第二步

手上的细菌多，在冲泡奶粉前，务必记得先洗净双手。

● 第三步

先加冷水再放热水，以免烫伤，市面上也有出售恒温的饮水机，但须确定饮水机中的水是经过100℃煮沸过的。

● 第四步

一般婴儿配方奶粉罐中，皆会附赠舀奶粉的小汤匙，须注意的是，有些品牌是30克，有些是60克，且舀奶粉时，一定要以平匙的方式，以免破坏当初设计的奶粉浓度。

● 第五步

要让奶粉充分溶解，一般是用手左右滚动。要提醒妈妈的是，切勿将手指盖在奶嘴孔上，以免手上细菌沾染到奶嘴。此外，摇匀奶粉时不要上下摇晃，以免牛奶喷出；或以奶瓶盖盖住奶嘴，再摇匀。

● 第六步

最后将奶水滴在手腕上，只要是接近体温的温度，即可让宝宝食用。

不可以用饮水机的水冲泡奶粉吗？

饮水机是方便的饮水来源，但水加热到80~90℃，饮水机会自动跳到保温功能。由于1岁以前的宝宝胃肠道发育尚未完全成熟，抵抗力也比较弱，若是喝到储存过久或是杀菌不完全的水，容易导致胃肠炎，必须特别小心。

解决方式：水加热到80℃左右即有杀菌效果，不必太过担心。若仍不放心，要将注入饮水机的水先煮沸，并定期清理饮水机，且饮水机中的水最好不要放置超过3天。请记住，自来水用水壶煮沸后，最好打开壶盖再多煮5分钟，让水里的氯气随蒸气排出，才能确保宝宝的健康无虞。

冲泡奶粉不宜先倒热水？

冲泡婴儿配方奶时，一定要使用杀菌过的水。若是将生水倒入饮水机加热，无法得知杀菌是否完全，若有此疑虑，最好将煮沸的水倒入饮水机中。此外，平时也要经常维持饮水机的清洁，定期清洗内胆；否则即使倒入干净的水，也可能会受饮水机中的细菌污染。

至于冲泡奶粉的方式，**应先加入冷水再加入热水，冲泡奶粉的水温建议为40~60℃，因为水温过高可能会破坏配方奶中的营养成分。**此外，一定要先将水盛到需要的量，才注入奶粉摇匀。

冲泡奶粉是上下摇晃还是左右滚动？

盖上奶瓶盖，**最好以双手来滚动奶瓶，或用左右环状的方式摇晃奶瓶，将奶粉摇匀，以尽量不产生气泡为佳。**若有气泡产生，只要在喂奶时，保持奶嘴前端充满奶液，就可以避免宝宝吸入过多空气而导致胀气。

冲泡奶粉可以不照比例吗？

婴儿配方奶的浓度相当重要，多少水量搭配多少奶粉才适合宝宝摄取，都是经过研究的。**若是泡得太浓，会使宝宝身体无法负荷，容易增加肾脏负担；太淡也可能会使宝宝无法摄取到足够的营养。因此，千万不要随意调整浓度。**过去也曾遇到宝宝喝的奶量足够，体重却没有增加的案例，一查才知问题出在奶的浓度。

用微波炉加热奶粉会温热不均?

绝对不要用微波炉加热奶粉，因为微波炉的温度分布不均匀，可能因此烫伤宝宝的嘴。冲泡奶粉后，必须先滴几滴在自己的手腕关节内侧，感到稍微有点温度，才能喂宝宝喝。此外，奶粉热过1次，没喝完的就应该丢掉，因为放置过久会让奶水中繁殖大量的细菌，这常常是宝宝出现腹泻的主因。

奶瓶出现结块怎么办?

许多妈妈会发现宝宝喝完奶后，奶瓶底部有时会出现奶块，这就表示泡奶时，没有充分摇晃均匀，部分奶粉结块堆积在瓶身或瓶底。**如果想避免这种情形发生，可以采取分次添加奶粉的方式，同时多摇几下，才能让奶粉充分溶解。**

罐内奶粉为何会结块?

由于奶粉是以喷雾干燥制造而成，结块表示已吸收了空气中的水汽，水汽温度一提高，就可能出现细菌滋生的问题。因此，**当奶粉罐打开后，必须要在短期内食用完毕，同时也应注重保存，尽量少受潮。**

造成结块的原因很多，**最常见的原因是每次使用时，习惯以汤匙舀好奶粉，放入奶瓶中后，同时在瓶口边缘敲几下。**因为奶瓶内已经注入温水，水汽上升就容易使小汤匙沾染水汽，当小汤匙放回奶粉罐后，水汽也跟着进入奶瓶罐中，一段时间后，奶粉就会结块。

奶粉开罐不能超过1个月?

开罐后的奶粉存放尽量不要超过1个月，且需置于阴凉干燥处，并随时留意是否变色或结块，迅速食用完毕较佳。需特别留意的是，**婴儿配方奶开罐后，就不应该遵循保存期限，通常保存期限是指未开罐的情形下可存放的期限。**因此建议在奶粉开罐后，最好能在瓶身加注开罐日期，以免超过适宜食用的期限。

常见喂奶问题

宝宝奶量怎么计算？

很多家长会担心宝宝吃不饱，或发现食欲不佳，奶量一直没有增加。到底宝宝1天所需的奶量应如何计算？要吃多少才能满足现阶段的成长发育？

事实上，宝宝不会把自己饿坏的，只要宝宝饿了，妈妈就可以开始喂奶；等到宝宝喝饱了，自然就会出现不想继续喝的动作，例如把头转开，或松开嘴巴等。

奶量的计算方式，**以4个月内宝宝的配方奶为例，奶量大约是每天每千克体重需150毫升**。例如4千克的宝宝，1天的总奶量为150毫升×4=600毫升。6个月到1岁间的宝宝，已开始添加辅食，奶量每天需600～900毫升。1岁以后，母乳、配方奶以外的食物才是宝宝的主食，只需早中晚各补充1杯（150～200毫升）奶类即可。

宝宝喝奶超过1小时就停止喂？

一般来说，**平均喝奶时间每次应为20～30分钟，若宝宝的喝奶时间拉得太长，经常需要1小时以上，不妨停止喂食**。毕竟"饿了就吃"是正常的反应，不但大人如此，宝宝也一样；如果宝宝真的饿了，自然会积极地喝奶，若是喝得很慢，或者边吸边睡，或许就表示他/她不饿。

如何避免宝宝喝进太多空气？

喂食婴儿配方奶时，宝宝较容易吸进过多的空气；若要避免这种情况发生，**可将奶瓶稍稍倾斜，不让奶瓶前方堆积太多的空气，就能避免让宝宝喝进不必要的空气而造成腹胀**。

宝宝什么时候会开始厌奶?

一般新生儿刚出生时喝奶都很专注,再加上饿了就哭、喝饱了就睡,因此体重增加速度很快,**通常前3个月几乎每个月就可增加1千克。**

但到了3个月以后,宝宝开始会受到周边环境的影响,边吃边玩,不专心喝奶。这是因为这个阶段的宝宝开始有强烈的好奇心,只要周遭有声响,或有人走动、说话,就会停止喝奶的动作,因为其他事情比喝奶有趣多了。到了这个时期,成长速度就逐渐放慢,不会像刚出生时那么爱吃。很多父母会发现,宝宝第1个厌奶高峰期为3个月大。

奶量忽然减少就是厌奶吗?

宝宝出现厌奶现象最常见的原因,分成病理和心理因素。若身体不舒服,宝宝就会出现厌奶的症状。所以宝宝厌奶时,应注意是否为病理因素,当厌奶伴随呕吐、便秘、腹胀或发热等现象时,应立即就医。

心理因素多半是吃腻了,宝宝从出生开始直到3~4个月大,几乎天天都喝同一种食物,因此可能出现厌奶现象。不过大多数宝宝过一段时间后,胃口就会逐渐恢复。其实只要宝宝的活动力好、精神状况佳,就没有大碍。

如何改变宝宝半夜喝奶的习惯?

● 想办法让宝宝在晚上11点之前就把1天的奶量喝完。

● 早上7点到晚上7点之间,拉长宝宝醒着的时间。

● 在白天的时间里,给宝宝多一点的刺激和活动。

● 晚上11点的那一餐,一定要尽量保持安静,营造睡眠氛围;如果宝宝这时半睡半醒,就很可能在半夜醒来。

● 让宝宝有白天、黑夜的分别。白天尽量让房间明亮一点;晚上睡觉时,则尽量将房间调暗。

如何区分吐奶和溢奶?

想要辨别宝宝到底是溢奶还是吐奶,最直接的观察重点,就是从宝宝口里出来的奶水,是流的还是喷的。如果奶水是慢慢从嘴角流下来的,通常就是所谓的"溢奶"。但如果奶水的流量多、速度快,甚至是以喷的方式向外射出,就是"吐奶"。

新生儿阶段,溢奶十分常见,因为此时有生理性的胃食道逆流。待宝宝4～6个月大,贲门括约肌发育成熟,溢奶现象就会自行改善。

如何减少宝宝溢奶?

宝宝的胃容量小,如果1次喝太多奶水,或在大哭后马上喂奶,就会从嘴角溢出奶汁,这就是"溢奶"。

最好的解决方式为"少食多餐",且在喂完奶后让宝宝躺下,将床垫提高15°～30°,让宝宝的上半身在垫高的床垫上;或让宝宝向右侧躺,因为胃部的走向是由左至右,右侧躺可减少胃食道逆流而避免溢奶。此外,不要在宝宝大哭之后马上喂奶,也可以减少溢奶发生的概率。

但如果宝宝的溢奶状况很频繁且严重,就必须就医检查有无其他疾病,例如肥厚性幽门狭窄等疾病,并且可以考虑用药物治疗,以加速胃部排空。若经过以上处理,大多可改善溢奶现象。

宝宝不小心呛奶怎么办?

当宝宝呛奶时,新手妈妈总是手忙脚乱,处理原则只要掌握**轻拍、擦掉嘴角奶水、观察呼吸是否顺畅**这3个重点即可。

喝奶后拍了5分钟，没打嗝就要停止？

在宝宝刚喝完奶后，将他/她抱坐在膝上，脸稍微朝下，或采取直立式抱姿，让宝宝靠在肩膀上，然后轻拍宝宝的背部。并不是每个宝宝在拍嗝动作完成后都会立即打嗝，**如果持续拍了5分钟，都没有打嗝或排气，就不用一直拍到打嗝为止，有时太过用力，反而会让宝宝吐奶。**

此外，拍嗝时切记随时支撑宝宝的颈部，尤其是前4个月的宝宝，颈部肌肉尚未发育完全，要好好保护。拍嗝过后，可采取直立式抱姿，让宝宝靠在肩膀上；喝完奶后15~30分钟内，最好避免让宝宝平躺，以免溢奶或吐奶。

没特别原因不需要换奶粉？

妈妈应该先了解为什么需要更换奶粉，是因为宝宝出现厌奶现象，还是有便秘、腹泻等情形吗？最好的方式为事先请教小儿科医师，若是出现便秘、腹泻等现象，必须探究真正的病因。

1岁前宝宝并不是不能换奶粉，只是担心适应状况，1岁后换奶粉就像吃不同的水果，只是吃不同食物而已。**换奶粉时，要遵守"一次为限"的原则，即一次更换一种品牌，而非一日多种，并要"循序渐进"。**

以宝宝原奶量4匙为例，第1天为3匙旧奶粉＋1匙新奶粉，观察宝宝是否适应；若无不适则第2天为新2旧2、第3天新3旧1，如此直到第4天即可成功换成新奶粉。

怎么喂宝宝吃药？

宝宝不爱吃药，可以放在配方奶里喂吗？

一般来说，**并不建议直接把药物放在配方奶中，除了担心配方奶可能会影响药物的吸收，也担心容易让宝宝因为熟悉的配方奶中出现苦味，而对配方奶产生排斥感。** 不过，如果担心药太苦，可以在喂宝宝吃完药后，给他/她喝点果汁（例如苹果汁），或是喝点温水，降低口中的苦味。

喂宝宝吃药的确令人相当困扰，有时为了配合宝宝的服用意愿和需求，很多小儿科诊所都会在药物或药水中加入糖粉，减少苦味。如果药物真的很苦，不容易喂时，也可以在宝宝吃完药后，给予一些奖励性的糖水。

可以给宝宝吃西洋参吗？

很多父母为了调理宝宝的健康，会采取中医疗法，最常见的方式就是吃西洋参、八宝散等。其实如果宝宝生长发育的情况良好，并不建议婴幼儿服用中药，若需要时可请教中医师。

宝宝长期吃"八宝散"会智能不足？

当宝宝哭闹不休而难以哄停时，长辈通常会用八宝散涂抹在宝宝的嘴里，让其安静下来。其实，**八宝散内所含的朱砂，虽有镇静、安神的作用，但也含有足以让人中毒的重金属。**

重金属对宝宝的肝、肾功能伤害大，使用后容易导致神经系统中毒，影响宝宝智力发育，因此不建议服用。

宝宝有哪些口腔问题?

宝宝还没长牙,需要清洁口腔吗?

一般来说,宝宝6~7个月大时,开始冒出小白牙;满周岁时,就可长出6~8颗乳牙。但由于每个宝宝的体质及遗传因素不同,并不是每个小孩都有一样的长牙时间和顺序。不过,**只要在1岁半前长出牙齿,都属于正常现象,一般会在2岁半至3岁间长齐20颗乳牙。**

很多妈妈以为宝宝还没长牙前,不需要清洁口腔。其实,**从宝宝出生开始,就要开始帮宝宝清洁口腔。**等到第1颗乳牙冒出后,更应该时时为宝宝彻底做好牙齿清洁工作,才能维持口腔健康,预防龋齿。

宝宝嘴里出现舌苔,对健康有没有影响?

舌苔就是牛奶的残渣,附着在宝宝的舌头或口腔黏膜上,通常是因宝宝喝完奶后,没有清洁口腔所造成的。不过,**舌苔对宝宝的健康没有影响,也不会影响食欲,会随着宝宝年龄的增长而逐渐改善,**不用过于担心。

避免有舌苔最好的方式是喂奶后,让宝宝喝一点温开水;或使用纱布清洁口腔,只要经常保持宝宝口腔的卫生和清洁,就不会有舌苔。

1岁内宝宝容易有鹅口疮?

有2%~5%的新生儿会出现鹅口疮,大多发生于1岁内的婴儿,主要是口腔黏膜表面感染了一种白色念珠菌所致。

新生儿会出现鹅口疮是因为出生时,接触了妈妈阴道附近的念珠菌,或是因为新生儿的口腔黏膜细嫩干燥、唾液又少,再加上抵抗力较弱所致,容易于出生后7~10天内发生。

预防方式:喂奶前洗净双手,宝宝的奶瓶及奶嘴固定消毒,尽量少使用安抚奶嘴。妈妈注重乳头清洁,喂完奶后清洁宝宝的口腔,以消除口内残渣。

还应注意,若新生儿老是吃奶使不上劲而哭闹,就要检查一下宝宝舌头下的系带是否太长,与下颚连着;如果有此现象,必须及时就医把系带剪开,以免影响饮食和说话功能。

宝宝会遇到哪些肠胃问题?

宝宝胀气怎么办?

宝宝胀气时,最明显的症状是肚子鼓鼓的,且敲肚子时,会有"咚咚咚"的声音出现。**胀气通常分成肠胀气和胃胀气。若是"胃胀气",只要轻压宝宝的胃部,就会打嗝。但若是"肠胀气",轻压腹部,要过一阵才会排气。**

1岁以内的宝宝较易胀气,若没有其他问题,大便正常、食欲好、活力佳,就不必担心。但如果宝宝出现食欲不振、便秘、原因不明的哭闹等,不妨利用上述方法先观察宝宝是不是胀气,同时协助将肚子里的气体排出;若气体排出却仍不适,就必须就医。

消除胀气的方法为:用手掌绕着宝宝的肚脐,做顺时针方向的按摩,可配合抹上薄荷油或胀气膏,刺激胃肠蠕动。按摩后盖上温毛巾,温敷5~10分钟即可。

宝宝胀气需要调整配方奶?

虽然足月宝宝在母体内发育,出生后所有器官大多成熟,但其实还有很多的成长空间。例如,在前几个月当中,由于宝宝的腹壁肌肉还未完全发育,弹性也不如成人,因而容易出现胀气。有时哭闹或吸奶的方式不正确,也会造成胀气。

亦可考虑以部分水解奶粉代替一般配方奶,观察胀气是否有改善。若腹泻则泡半奶,也就是水量一样但奶粉减半。

新生儿便便是沥青色?

通常新生儿出生后的头几天，排出的便便就是所谓的"胎便"，胎便有点黏稠，且不会臭，颜色有点类似沥青色或深墨绿色。**3天之后，就会转化成黄绿色，最后呈金黄色的黏黏糊糊、水水的新生儿大便。**

宝宝的便便，怎样才算正常?

母乳因为比较容易被吸收及消化，因此喝母乳的宝宝不容易便秘，且便便的形状也比喝配方奶的宝宝软或稀。

喝母乳和喝配方奶的宝宝，便便形状也不同。母乳宝宝除了便便次数多，大多呈现金黄色、黄色、绿色、棕色或草绿色；形状有时稀水，有时较黏；或者会伴随如米粒大小的颗粒状，有的像蛋花汤，便味酸酸的。喝配方奶宝宝的便便颜色和母乳宝宝差不多，但味道较重。

宝宝拉肚子不代表罹患肠炎?

只要宝宝出现拉肚子的现象，父母们都会很担心。什么情形才算拉肚子？其实，所谓的"腹泻"，并不是单纯地指解出稀便或水便，更不用一定要和肠炎画上等号。**腹泻的判断标准，必须是和宝宝自己原来固定的大便形状、次数来比较。如果便便所含的水分增多，带有黏液或颜色产生变化，且大便的次数也比以往多才算是腹泻，大多数宝宝腹泻时会出现红屁股症状。**

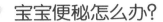

宝宝便秘怎么办?

如果宝宝排便一直很正常,却连续几天或1周都有排便不顺的问题,就有可能是便秘。最直接的确认方式,是到医院请医师检查是否只是单纯的功能性问题,还是有特殊的疾病出现。

如果宝宝近期生活上有特殊转变,如换奶、添加辅食等,就诊时都要提供给医师作为诊断的依据。妈妈必须留意的是,宝宝一旦便秘,切忌自行到药店购买药物,不要忽略潜在疾病的可能性。

要预防便秘,可增加宝宝的活动量,并持续喂母乳超过6个月。另外,到了添加辅食的阶段,可选择能增加膳食纤维的食材,例如香蕉泥、红薯泥、木瓜泥、猕猴桃泥等。

同时喝母乳及配方奶,宝宝每天排便几次才算正常?

采取母乳和配方奶混合的宝宝,排便的时间和次数不一定固定,常和混合的比例及宝宝的年龄有关。大致来说,**新生儿宝宝如果混合奶中的母乳比例较高,排便次数也会多。但1~2个月后,宝宝的肠胃功能成熟时,仍维持母乳比较高的混合比例,宝宝的排便次数就会略微减少。**

完全喝配方奶的宝宝,在宝宝出生后的前3个星期,每天排便3~4次,每日排便次数会随着宝宝的成长而减少。

如何预防宝宝腹泻?

● 未满月的宝宝尽量不要出门,以免受病菌感染。

● 奶瓶器皿等一定要经过煮沸消毒后才可使用,喂食前也应先将双手洗净。

● 务必用煮沸过的开水冲泡奶粉(水温须控制在60℃以下),避免使用生水或未煮沸的水。

● 喝配方奶的宝宝,1岁以前食用的奶粉品牌尽量固定,不要经常更换,以免宝宝难以适应。

0～3个月宝宝最常发生的问题

 宝宝哭了就表示饿了吗?

很多妈妈以为,宝宝只要一哭就是饿了,会自责奶水不够多,而给宝宝一些不必要的配方奶及葡萄糖水,这反而会让宝宝营养不均衡。**宝宝哭的理由很多,不单纯只是因为饿,他/她可能借哭来表达需求,或者来发泄体内一些压力或过多的刺激。**

> **小贴士 宝宝哭的理由**
>
> ● **真的饿了:** 如果距离上次喂食时间超过2小时,而且宝宝又有吸吮反射,就表示真的饿了。
> ● **身体不舒服:** 尿布湿了、环境太冷或太热都会让宝宝觉得不舒服。
> ● **外界刺激:** 亮光、声音,或不同的气味,当环境改变时,宝宝最容易哭闹不已。
> ● **妈妈吃了刺激性的食物:** 有时妈妈吃了比较具有刺激性的食物,宝宝也会比较烦躁。
> ● **宝宝只吃到前奶:** 在宝宝还没松口时,就停止一侧喂奶,宝宝会因为没有饱腹感而哭。
> ● **想要被抱抱:** 有些宝宝需要安全感,若这种类型的宝宝哭泣,常常是希望被人抱着安抚。
> ● **也许身体有疾:** 宝宝是不是出疹子了,有没有红肿现象,是否被蚊虫叮咬。

不爱喝配方奶,可以用羊奶或豆浆代替吗?

羊奶或豆浆不能代替配方奶,不适合1岁内宝宝当作主食饮用,因为羊奶或豆浆铁含量少且利用率差,易造成缺铁性贫血。

爱哭宝宝需要安抚吗?

老一辈的人都会要求不要经常抱起宝宝,免得宝宝习惯被人抱而变得不好带养。其实,在头几个月,**宝宝哭时给予立即且适当的反应并不会因此宠坏他/她**。只要先确认宝宝的哭泣所代表的意义,例如是否饿了、是否尿布湿了、环境太热或太冷等,就必须立即满足这些需求,便可以让宝宝对你有充分的信任。

如果都不是上述情况时,可先等5~10秒钟,看宝宝是否有自我安抚的动作出现;如果没有,再按以下顺序给予安抚:让宝宝看见你的脸;用温和的语调对他/她说话;手放在他/她的肚子上;将他/她舒服地包裹起来;抱起宝宝温柔地摇晃。

可以用鲜奶取代母乳或配方奶吗?

鲜奶的蛋白质含量高,对1岁前肾脏未完全发育成熟的宝宝来说,易增加负担,且鲜奶的蛋白质中有不易消化的乳凝块,会阻碍胃肠道的消化。鲜奶的钙含量高,但是对小宝宝而言,和磷的比例却不够均衡。与1岁前小儿需要的营养成分不同,1岁后宝宝的饮食逐渐由流质饮食进展到固体食物,鲜奶是提供钙质的良好来源,宝宝每天需要1~2杯鲜奶或幼儿成长配方奶粉。但要注意,宝宝2岁前要以全脂鲜奶为主,2岁后可喝低脂鲜奶。

需要喂宝宝葡萄糖水吗?

很多父母有"到底要不要喂宝宝葡萄糖水"的疑惑,有人担心刚出生的宝宝营养不够,在两餐间喂葡萄糖水。其实是不需要的。

配方奶宝宝可在喝完奶水后,偶尔喝少量白开水,同时清洁口腔。**不适合喝糖水,是因为葡萄糖水的甜分会让宝宝不愿喝正餐的奶水,提前进入厌食期**。且糖水的营养成分又低于奶水,容易血糖高,没有饥饿感,因而宝宝容易因营养不足而长不大。此外,糖水在口腔内若停留太久,会酸化唾液,提早出现龋齿。再者,当宝宝小时候吃惯了甜食,日后很难戒除,容易导致肥胖。

安抚宝宝的方式

- 让宝宝看见你的脸。
- 用温和的语调跟宝宝说说话。
- 把手放在宝宝的肚子上。
- 将宝宝舒服地包裹起来。
- 将宝宝抱起来。
- 温柔地摇晃。

is the brainchild of
hind Civic's The Phoen
Trinity Bar, and it's a big s
for grown-up nightlife in the
The decor was apparently
pired by a co-owner's brush with
death, and there's much blast
in touches like the bac
X-rays and the b
These co
feat

第二章

【4~12个月】

宝宝开始吃辅食

4~6个月 宝宝吃辅食

什么是辅食?

什么是辅食?

宝宝逐渐长大后,母乳或配方奶的营养已经不足以供应宝宝的需求了,因此,为了让宝宝慢慢适应大人的饮食习惯,就要循序渐进地让其适应辅食。**辅食是指在宝宝能够完全接受固体食物之前的过渡期所吃的食物,只要开始进食固体食物,就应该算正餐,而不是辅食了。**

辅食阶段可分为准备期(0~3个月)、前期(4~6个月)、中期(7~9个月)、后期(10~12个月)和完成期(13~15个月),食物的形态会从稀糊状直到小块状,质地的改变是为了配合宝宝口腔的发展,因此强求不来;且由于每个宝宝的发育情况不尽相同,辅食的喂食也应按个体差异而有所调整。

为什么要添加辅食?

● 经过6个月后,妈妈的乳汁分泌量会逐渐减少,宝宝的食量也开始逐渐增加,这时光喝母乳已经不足以应付宝宝1天所需的营养。

● 6~12个月大的宝宝,正是发展咀嚼和吞咽的关键期。对宝宝来说,咀嚼和吞咽能力是需要学习的,如果没有练习,1岁后就会拒绝尝试;即使肯吃,有时也会马上吐掉,造成喂食上的困难。

● 辅食能提供更多元、完整的营养,包括热量、铁质和维生素,甚至是微量元素如锌、铜等。渐次给予不同种类的辅食,可让宝宝习惯多种口味,避免日后出现偏食的现象。

● 宝宝4~6个月大时,肠胃淀粉酶及各种消化酶已开始分泌,表示消化及吸收功能逐渐成熟。此时宝宝就可以开始练习吃辅食,以加强胃肠道功能,同时宝宝营养足够,才能更加健壮。

何时开始添加辅食？

有的宝宝会在4个月左右开始接受辅食，但也有些宝宝要到6个月才开始。一般建议，**最快不能早于4个月，最晚则要在6个月内开始。**

如何观察宝宝可以吃辅食了？

一般来说，泥状的辅食可以在宝宝4~6个月大时开始接触，怎样知道宝宝可以开始尝试呢？通常判断的依据为：**宝宝看大人吃东西的时候会想要伸手去拿，宝宝看到大人吃东西会流口水，有时宝宝会张嘴，看起来像要吃东西，或把东西放在他/她的手里时，他/她会握得很紧。**

也有其他的判断依据可以参考，例如宝宝每日的奶量已达到1000毫升以上，同时喂奶间隔的时间固定等，都表示宝宝已经准备好了，是可以尝试吃辅食的时候了。

如何顺利衔接辅食？

出生后满4个月，就可以考虑用稀释果汁或蔬菜汤作为宝宝衔接辅食前的准备。目的是让宝宝认识除奶水以外的食物，并且让宝宝习惯用汤匙喝东西。

刚开始时，可以用汤匙舀出少量的汤汁试着喂食。此时如果宝宝用舌头推出来也不用担心，因为这是他/她生平第一次尝到不同的味道，不用心急，也不需有挫折感，只要坚持下去，宝宝就可以顺利地用汤匙喝汤汁了。用匙进食持续1~2周，宝宝才比较能接受用汤匙进食然后吞咽的动作。

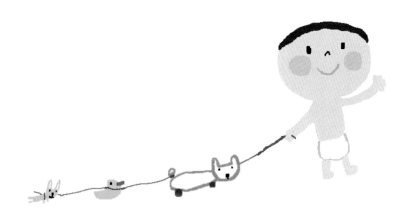

添加辅食有何顺序?

● 先从低过敏、口味淡的食物开始尝试。

● 1次只喂食一种新的食物，且从少量开始喂起，食物的浓度也应从稀到浓。

● 每一餐先从新食物吃起，不想吃了才加入已吃过的食物，每5~7天添加一种新食物。

● 4~5个月时添加稀释果汁及蔬菜汤类，6~7个月时添加五谷根茎类，并尝试各种叶菜类和水果泥，8个月以上开始添加肉类。

辅食就是稀饭吗?

很多老一辈的人以为，让宝宝开始吃辅食，就表示可以开始喂宝宝吃稀饭了，其实不然。宝宝吃辅食分阶段，通常在还没学会吞咽的阶段（5~6个月），刚开始是以能够用闭嘴的方式吞下的食物为主，因此**通常会先尝试果汁、蔬菜汁；即使是稀饭，也可做成方便吞咽的水糊状，之后慢慢减少水分，再视宝宝的反应来逐渐调整。**

宝宝没厌奶，还要吃辅食吗?

很多父母误以为宝宝没有厌奶问题，就不需要吃辅食了。其实不然，有些宝宝会出现第一次厌奶期，但有些不会出现。会出现厌奶的状况，大多是生理发展到快要进入下一个阶段的准备期；通常经过一段时间，或做些改善后，这样的情况就不会出现。

但无论有没有出现厌奶期，在宝宝满6个月大左右，都可以考虑开始吃辅食，这是为了让宝宝能够学习日后成人饮食习惯所做的吞咽练习。同时，此时胃肠道各种消化酶分泌也渐趋成熟，吃入各种食物可训练胃肠消化功能，摄取充分营养后，宝宝自然长得好。

母乳宝宝怎么添加辅食?

　　母乳也可以像配方奶一样制成辅食,例如将蛋黄捣碎,加入适量的母乳,就可以做成蛋黄泥,当作辅食来喂食。

　　等到宝宝6个月大时,可以开始吃用母乳或开水泡成糊状的米粉,逐渐接触辅食;如果吃得不错,过几天可以再多吃一餐。这期间仍必须持续喂宝宝喝母乳,再依照宝宝的状况来逐渐调整喂食母乳的次数、每次喂食的分量和时间。

早产儿也从4个月开始吃辅食吗?

　　早产儿的发育要以矫正年龄来计算,所以吃辅食的开始时间和一般宝宝不太一样,会比较晚。不过妈妈却不需要刻意等到某个月龄时才开始喂食辅食,如果观察宝宝发育已经达到该有的水准,就可以开始尝试。判断的方式跟正常宝宝一样:当宝宝想伸手拿大人的食物、看到食物会流口水、嘴巴出现咀嚼的样子等,表示可以开始尝试喂食宝宝辅食了,这时就能从流质状和泥状的食物开始吃。

喂辅食有方法?

● 刚开始喂食时,可以用汤匙轻轻碰触宝宝的下唇,引导其张开嘴巴,然后将汤匙放置在下唇上方。

● 当宝宝收受食物时,再轻轻取出汤匙。有时宝宝不会闭上嘴巴,或者会用舌头把食物推出,妈妈可以自己示范给他/她看。

● 由于宝宝是第一次尝试新的饮食方式,妈妈可以重复示范几次给宝宝看。只要事前有心理准备,多点耐心,等宝宝花时间练习几次,他/她就会好好吞下去的。

喂辅食要注意哪些事?

喂辅食要注意什么?

● 辅食的喂食方式，最好是将食物装在碗里，用汤匙来喂，而非将食物放入奶瓶中；主要是让宝宝开始接受大人的饮食方式，并且学习吞咽。

● 每喂食一种新的食物后，就要注意宝宝的排便和皮肤状况，看看是否出现腹泻、呕吐、皮肤出疹子或潮红等现象。如果喂食超过3天，没有上述不良反应，就可以再尝试新的食物。

● 每次喂辅食时，先从新食物开始尝试；待宝宝不想吃了，才开始喂已经尝试过的食物。

● 不要用大人的口味来评估食物的美味度，制作辅食应该以天然食材为主，不必特别添加盐、味精、糖等调味料。

● 喂辅食前1小时，最好不要喂奶，这样宝宝比较容易接受辅食。

● 制作辅食前，一定要将食材、用具及双手充分洗净；且不要将辅食放入微波炉内加热，以免因为温度不均而烫伤宝宝。

● 用汤匙喂宝宝吃米粉、麦粉，是让宝宝练习以嘴进食和咀嚼的方式，但若宝宝出现厌奶的情况，可将米粉、麦粉放在奶瓶中和奶水一起冲泡给宝宝喝，补充因厌奶而摄取不足的热量。两者不冲突，可依实际情况调整。

● 可准备辅食专用的宝宝汤匙和制作器皿，避免使用触感冰冷或粗糙的金属制品、陶制品。

喂辅食时妈妈要放轻松，宝宝才有食欲？

很多新手妈妈在第一次喂宝宝吃辅食时，总是严阵以待，担心宝宝会不吃或哭闹，这样的情绪很容易传染给孩子，让其误以为吃辅食是一件严肃的事，反而会造成宝宝的不安。

正因为辅食阶段是让宝宝习惯大人饮食方式的重要阶段，也是宝宝的第一次尝试，妈妈应该要以轻松的态度给宝宝安全感。在喂食过程中，也可以对宝宝说说话，如"来——小嘴巴张开喔""很好吃的哟"等，当然也别忘了保持笑容。

只要让喂食的气氛充满愉悦，就能逐渐培养宝宝的食欲；下次喂食时，宝宝也就更能进入状态了。

喂辅食是在喂奶前，还是喂奶后？

当宝宝逐渐习惯辅食，且能吃下稀饭、蔬菜泥及肉泥等食物时，就可以增加喂食的次数。

喂食辅食的时间最好在喝奶前，也就是先给宝宝吃辅食，再喂他/她喝奶以补足食量。1岁前都以这种方式进行，刚开始宝宝吃的辅食量一定不多，大部分的营养得从母乳或配方奶中取得。

随着辅食量的增加，奶量就会递减，慢慢就可以自然离开母乳或配方奶，把进食的重心放在辅食上面。

开始吃辅食后，奶量要减少吗？

世界卫生组织及国内婴幼儿肠胃营养专家们都建议，宝宝在1岁前，母乳或配方奶才是主食，至于6个月至1岁间的辅食阶段，只是为了调整宝宝的饮食习惯所进行的过渡时期，**所以添加的方式会以渐进式进行，即流质→半流质→半固体→固体的方式，就是希望宝宝能逐渐适应未来的饮食形态。**

因此，开始吃辅食后，奶量仍不需要减少；但到了1岁后，母乳和配方奶即变成辅食，此时就可以逐渐减少奶量了。

宝宝进入辅食阶段后，需要完全断奶吗?

　　奶类也是人体所需营养成分来源之一，即使是成人，也应从食物中摄取足够的奶类。这里所谓的"断奶"，指的应该是摆脱奶瓶进食的方式，而非完全不碰奶类。

　　宝宝一天天长大，对辅食的需求也会日渐增加，过了1岁以后，以往所谓的辅食就变为主食，而奶类就成了辅食。这个阶段，也正是需要帮助宝宝脱离单纯只以母乳或配方奶为主食的过程，在这个过渡时期，宝宝虽会逐渐减少奶量的摄取，但仍须每天喝足够的奶水，才能补充各种易吸收的营养成分。

如何让宝宝爱上辅食?

● 喂食辅食最好的时机，是在喂宝宝喝奶之前，当他/她肚子饿时，比较有兴趣接受新的食物；同时也须固定喂食时间，让宝宝养成规律，时间到了，就知道该用汤匙、小碗吃辅食了。

● 刚开始的喂食分量不要太多。

● 如果宝宝不喜欢某种食物，可以先喂食其他种类的食物，等过一段时间后再做尝试。

● 宝宝若不爱某种辅食，也可改变烹饪的方式，用不同的口味来吸引其兴趣。

● 当宝宝愿意尝试新的食物时，记得给予鼓励。

果汁是宝宝的第一类辅食吗?

宝宝的第一类辅食是米粉、麦粉。如果怕宝宝会过敏,可以先从米粉开始喂起,米粉属于单一谷类,比麦粉致敏性更低。

纯果汁的甜度太高,容易影响奶量的摄取,所以并不建议作为宝宝的第一类辅食。若是想让宝宝喝点果汁,建议可以先用1:1的比例用水稀释,1天喂食1~2次即可。不建议选用果汁当作其中一餐,即使已经稀释过,也不要当水一样补充。

辅食可以加热吗?

冷冻后的辅食,可以在宝宝要食用前的12小时,先将需要的分量放在小碗里,然后拿到冷藏室中解冻,再依照平时的加热方式加热,放凉后即可喂食。

如果只是冷藏,可以直接放进电锅,外锅放3/4杯的水,蒸热后拿出放凉即可食用;**若是冷冻而来不及解冻,也可分装到小碗里,电锅外锅放1杯半的水,等到电锅跳起来之后,再闷5分钟即可。**

辅食存放不要超过3天?

上班族妈妈没时间每天制作辅食,可以1次多制作些,再把打好的食物泥分装,1周内的分量可以分装在小盒后制成冰块,等到要吃时,拿出想要的分量即可解冻加热,取用很方便。

至于冷冻的辅食,最好在2周内吃完,以免不新鲜,有害宝宝健康。

辅食里可以加进中药材吗?

由于有些药材的特殊气味很强,容易让宝宝排斥日后的辅食。所以,不建议在辅食中添加中药材。

大人的外食也可当作宝宝的辅食吗?

大人的外食大多含有高油脂、高盐分、高糖分等,不适合年幼的宝宝食用。 此外,外食的食材选择,跟适合宝宝的辅食食材差距颇大,不建议拿来当作宝宝平常喂食的主要内容。

没吃完的辅食,可以留到下一餐再吃吗?

宝宝当餐的分量没吃完,不要再拿去冷藏,或留到下一餐再食用,因为容易滋生细菌,损害健康。如果父母觉得可惜,不妨将它吃完;否则,**最好每次取用的量先从少量拿取,吃不够再拿较佳。**

等到宝宝开始吃一些糊状或泥状食物时,可以选择根茎类的蔬菜,例如南瓜、红薯、胡萝卜等,制成冰砖后冷冻保存,但3~4天内就要食用完毕。当宝宝可以开始吃淀粉类食物时,因为常常搭配一些蔬菜或肉类,食物种类较复杂,保存不易,最好准备1天内能吃完的分量。

菜汁、勾芡类汤汁可以当作汤头吗?

经过烹煮后的菜汁、勾芡类汤汁,虽会有少量的膳食纤维,但其中也**蕴含过多的调味料,会伤害宝宝的健康。**同时,这种汤汁并非菜肴中真正的营养所在,即使是成人都不建议食用,更何况是肠胃功能尚未齐全的宝宝!

不适合当作辅食的食材有哪些?

- **高纤维食材:** 如竹笋、牛蒡、空心菜等，宝宝比较不容易吞咽。
- **腌渍类食材:** 辅食的烹煮应以少油、少盐为主，过于重口味的食物如腌渍物、蜜饯等，还有含过多化学添加物的食物，对宝宝的肾脏是大负担。
- **高硬度食材:** 像墨鱼、鱿鱼等不易煮烂的食物，很难让宝宝吞咽。
- **刺激性食材:** 辣椒、姜、蒜、胡椒、芥末等，口味都太刺激，都不适合过于年幼的宝宝食用。

制作辅食的工具有哪些?

制作辅食并不需要使用特殊的工具，但为了保证食物干净及保存方便，最好准备专属的工具。一般制作辅食会使用的工具包括:

- **专用调理器:** 市面上均有销售专用调理器，十分简便又容易清洗，可帮妈妈节省不少时间。
- **制冰盒:** 1次大量制作的高汤或米粥，可以用制冰盒分成小格制成冰块，食用前解冻再加热就可以了。
- **保鲜盒:** 制成冰块的米粥或高汤，在冷冻前先放入密闭的保鲜盒内再冷冻，就不会沾染冰箱内的其他味道。
- **称量工具:** 根据食谱制作食物时需要的器材。
- **榨汁机:** 可以很简单地榨出水果汁。
- **过滤布:** 做蔬菜汤或果汁时，必要的滤渣工具。
- **单人锅:** 宝宝食量小，使用约1碗分量的单人锅最方便。

哪些食物容易引起宝宝过敏?

高蛋白质成分的食物较易引发过敏,例如:蛋白、麦类(大麦、小麦、燕麦、荞麦等)、玉米、大豆、海鲜类(尤其是带壳的虾、蟹、贝类)、坚果类(花生、核桃、杏仁、腰果)。水果则有猕猴桃、杧果、柑橘类等。

宝宝若对食物过敏,吃后可能产生腹泻,呕吐,身体局部或全身发痒、起疹子、红肿,或口腔旁边起疹子等现象。

除非父母本身或家族中有人确定对上述某种食物过敏需避免,其余建议满6个月以上才食用,且需观察宝宝食用后的变化。

如何增加辅食种类和分量?

心理学家的研究指出,婴幼儿开始尝试新鲜食物,需要8~10次的接触和品尝才会接受,所以如果宝宝一开始不喜欢吃辅食,不要只有1~2次尝试失败就放弃。

等到宝宝适应后,就可以逐渐增加辅食的分量和种类,但每一种食物最好吃5~7天后,若没有出现腹泻、呕吐等不舒服现象,再试着增加第2种食物,不要隔1天或2天就更换新的食物,以免过敏时找不到过敏原。可以先从液体食物开始尝试,等到适应后,再尝试半固体食物,之后逐渐更换辅食种类和内容。

可用奶瓶喂食辅食吗?

很多父母将辅食直接放在奶瓶中喂食,其实喂食宝宝吃辅食的目的之一,是要让他/她习惯用汤匙进食。如果宝宝不习惯用汤匙吃辅食,日后容易排斥牛奶以外的食物,造成辅食摄取状况不佳,营养不均衡,**有时1~2岁后还在使用奶瓶,甚至会影响咀嚼和口语能力。**

如果刚开始喂食辅食时,宝宝总是用舌头将食物往外推,不一定是他/她不喜欢吃,而是还不习惯用汤匙喂食,这时就需要父母的耐心和鼓励。

辅食需要添加调味料吗?

所有自制的辅食都必须煮熟后再给宝宝食用。由于宝宝味觉敏感,建议主要以清蒸或水煮的方式烹调即可,最好不要用油炸或煎炒等方式制作。一来是要减少油脂的摄取,二来可降低宝宝的肠胃负担。

以简单的鱼类菜肴来说,清蒸、煮汤等都是不错的选择,由于鱼类本身就有咸味,过多调味料会使宝宝习惯重口味饮食,并增加肾脏的负担。**建议刚开始不要放调味料,等到宝宝满1岁后,一定要添加盐,避免钠摄取量太低,造成电解质不平衡,但仍不建议添加过多的调味料。**

处理辅食的砧板要另外准备吗?

平常处理蔬菜和肉类、生食和熟食的砧板就应该分开,制作宝宝的辅食也应秉持这样的原则。**若能和大人使用的砧板分开当然最好;若不行,最好在制作宝宝的辅食前,先用煮沸的热水烫过砧板再使用。**

清洗宝宝的餐具, 需要用特别的洗涤剂吗?

一般来说,制作辅食时很少用过多的调味料及食用油,所以通常只要用清水就能洗净,不需要使用洗涤灵等清洁剂。若讲究一点,可用热水烫过,之后放在干净的地方晾干即可。**只要每次使用后顺便洗净,就没有和大人餐具一起洗的疑虑。**

一定要准备宝宝专属的餐具吗?

帮宝宝准备专属的餐具,需选择适用的材质。此外,养成宝宝习惯吃辅食的好方法之一,就是**选择一套宝宝专属的儿童餐具,以吸引他/她的注意力,让他/她逐渐对辅食产生兴趣,进而养成习惯。**

吃了辅食,宝宝开始厌奶怎么办?

开始喂食辅食后,宝宝的确会出现厌奶的现象,这是正常情况,不必过于担忧,厌奶的状况很快就会停止。

如果宝宝6个月大时就出现厌奶现象,此时应检查宝宝的排便状况,以确认有没有消化不良的情形,同时观察是否有精力不足或其他生病现象;若没有,则慢慢添加辅食的量和种类,宝宝一样可以从辅食中获取充足的营养成分。

素食宝宝营养能均衡吗?

素食宝宝因为食物的选择有所限制,容易缺乏铁质及B族维生素。**如果父母碍于种种因素,需要让宝宝吃素,建议应以蛋奶素食为主,才能让宝宝摄取足够的钙质和B族维生素。**

对素食宝宝来说,豆制品格外重要,因为可提供植物性蛋白质,是宝宝唯一的氨基酸来源。此外,动物性食物中的铁质吸收利用率较高,因此素食者容易出现缺铁性贫血,进而出现食欲变差、活力不佳、长不大等现象,这些都是父母需特别留意的。

吃了辅食后，便便变硬了？

宝宝所吃的食物改变，会让肠道的消化、吸收功能也跟着改变，有时会发现宝宝吃了辅食后，便便成了羊屎般一小块一小块的。若宝宝只是稍微用力就能排便，那么稍微有点硬是没有多大关系的，但需注意肛门口是否有严重破皮；若有就需要治疗，以免日后造成排便障碍。

如果便便真的很硬，且宝宝原本是天天排便，吃了辅食后却变成好几天都没有排便，就可能是便秘。首先，让宝宝多喝水是必要的应急措施，接着，要多选择膳食纤维含量高的食物当作食材，例如红薯、木瓜、猕猴桃等。如果仍未改善，就要到医院请医师诊断及治疗。

吃辅食后，便便呈稀软状，是怎么回事？

给宝宝开始喂食辅食后，要观察宝宝的消化状况，最直接的方式是观察粪便的形状，如果大便变得稀软，或次数变得比以前多，都应该重新检查辅食的喂食方式是否正确。最有可能的原因，是1次给了过多种类的辅食，也可能是分量过多。

解决的方式是从头开始，也就是从每次1小匙开始喂起，以慢慢增量的原则，谨慎进行。如果修正辅食的喂食方法后，发现便便还是呈稀软状，务必到医院做进一步的诊治。不过，开始喂食辅食后，确实会让宝宝的便便出现不同的现象，变硬或变软都有可能。

4～6个月辅食

1匙=宝宝配方奶中30毫升的匙　1杯=100毫升=乳酸饮料1瓶

 **主食类**

哪些食物是4～6个月的宝宝还不能碰的?

4～6个月是宝宝刚刚接触辅食的阶段，最好从味道清淡的食物开始尝试，需视其发育状况，改变食物的种类和硬度。

过硬或过稀的食物：刚开始练习吞咽和咀嚼时，宝宝无法吞咽太硬的食物，也容易呛到，所以先要以汁为主。当尝试过不同味道，已会用汤匙吞咽，则可增加浓稠度，便于喂食和吞咽。太硬的食物，宝宝不易吞咽。

因此，不易引起宝宝过敏的米汤，是较适合让宝宝尝试的主食类辅食。

米汤

材料
大米15克，水150毫升。

做法
❶锅内倒入适量清水煮开，放入洗净的大米。

❷再次煮开，以小火焖煮，中间不时以汤匙搅拌，避免粘锅，当煮至芡汁似的黏稠状时，即可熄火，捞上层的米汤给宝宝喝。注意：本书中，每道食谱完成后，给宝宝喂食之前都要先试试食物的温度，以免烫伤宝宝。

> **提示**
> 此时尝试的米汤，未吃到米粒，喝的量也少，所以热量不高，几乎没有营养成分。

米粉

材料

市售米粉5克，热开水50毫升。

做法

❶ 将米粉放在碗内。

❷ 加热开水（也可加母乳或冲好的配方奶）调成稀水状，待温度适宜再以汤匙喂食。（宝宝适应后可逐步减少用水量，变成5克米粉配30毫升水）。

> **提示**
>
> 初次食用，请使用原味的米粉。各品牌的米粉，营养成分会有些许不同。

何时可让宝宝吃米粉？

米汤适应良好，即可进阶到米粉，由稀到浓慢慢调整，主要训练宝宝的吞咽能力。对于厌奶宝宝，可在奶水中加些米粉，给予不同的味道，增加进食量。但仍建议以汤匙尝试喂食，才有助于训练吞咽能力。

如何选择米粉？

当宝宝满4个月后，胃肠道中的消化酶已渐渐成熟，这时可用谷类食物当作辅食。以挑选合格的大品牌较为放心，毕竟大品牌有较严格的品质管控，品质相对比较稳定。

此外，挑选时也要留意包装是否完整、是否超过有效期限，还必须详读包装上的使用说明及产品成分。

什么是米糊?

米糊较米汤浓稠,但又较米粥稀薄,几乎看不出米粒状;要达到米糊状态,可以用果汁机搅打再过滤。烹煮时先使用干净的过滤水,将洗好的米用水略微浸泡,这样烹煮的米糊会容易煮烂,宝宝也较易吸收。

怎样喂宝宝吃米糊?

调配好米糊后,为使宝宝顺利地吃下,妈妈还需要掌握一定的技巧。在喂宝宝的时候,需选择宝宝专用勺,勺子不宜太大;尽量将勺子放在宝宝的舌头中部,这样宝宝就不易用舌尖将米糊顶出。

一些爸爸妈妈为了省事,将米糊和整瓶奶调和到一起让宝宝吸着吃,这么做虽然方便,但让宝宝失去了锻炼口腔功能的机会。

最后,需要提醒爸爸妈妈的是,千万不要试图用米粉类食物来代替乳类喂养。因为宝宝处于生长阶段,最需要的是蛋白质,而米粉中的蛋白质含量很少,难以满足宝宝生长发育的需要。长期过量食用米糊,会导致宝宝生长发育迟缓,神经系统、血液系统和肌肉生长发育受到影响,抵抗力下降,易生病等。

米糊

材料

大米15克,水150毫升。

做法

将洗净的大米加水,煮成稀饭后,用果汁机搅打,过滤后再以汤匙喂食。

提示

米糊作为软食能够很快地被宝宝消化和吸收,不容易导致消化不良的状况出现。大米糊的营养价值在于它能够提供能量和多种维生素,有益于宝宝的发育和健康,有促进消化、改善胃肠功能、增进食欲的功效。

麦粉

材料

市售现成麦粉5克。

做法

可直接加水50毫升，将母乳或配方奶调稀，以汤匙喂食。宝宝适应后可逐步减少水分，变成5克麦粉搭配30毫升的水。

提示

各家品牌麦粉的营养成分会有些许不同。

宝宝适应米粉后改吃麦粉，较不易过敏？

米粉、麦粉的喂食顺序，应以米粉为先，因为有些宝宝会对麦粉的麸质过敏，造成拉肚子等过敏反应，严重过敏的宝宝，可在6个月以后再尝试用麦粉喂食。目前市售的米粉、麦粉冲调方便，比传统大费周折地用米磨成"米麸"要方便快捷，有些品牌还有去除麸质的麦粉，对麦麸过敏的宝宝可以尝试。

市售米粉和麦粉，其用量不需像冲泡奶粉那样精准，可使用配方奶中30毫升或60毫升汤匙称量。米粉、麦粉（精）可以直接用开水或奶水泡成糊状（先从1匙开始），慢慢喂食，且最好在宝宝肚子饿时吃。

操作过程：把配方奶或母乳先准备好，再把1匙的米粉放进干净的碗中，加入适量的奶水搅成糊状让宝宝吃，等到米糊吃完后，再把剩下的奶水用奶瓶喂食即可。如果顺利，过2天就可以增加米粉量，逐渐减少奶水的喂食量（若宝宝仍吃得下同样的奶量，就不需要减少）。

建议先吃米粉、麦粉等主食类的辅食，吃完后再喝奶，果汁、蔬菜汁可以在点心时段食用，逐渐衔接到大人的饮食习惯。

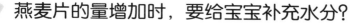

燕麦片的量增加时，要给宝宝补充水分?

燕麦富含水溶性膳食纤维，会增加便便的体积，但若摄取的水分太少，会造成便秘。刚开始尝试辅食的宝宝，还不需额外刻意增加水分，若进食燕麦片的量增加，可酌量补充水分。

宝宝的B族维生素来自糙米?

为了从小可以让宝宝养成健康的饮食习惯，可选择粗糙未加工的主食类，糙米含有的B族维生素和膳食纤维较大米多。用糙米煮粥时，因为其中所含的膳食纤维多，宝宝还不太会吞咽，所以一定要用果汁机搅打，将纤维打散以利于吞咽。

让宝宝不挑食，可以尝试不同的主食?

尝试不同的主食类，像燕麦、小米等，可以给予宝宝多元化的口味，培养不挑食的均衡饮食习惯。

燕麦糊

材料

燕麦片9克或燕麦粉6克，水适量。

做法

锅中加水烧开，放入燕麦片煮熟，用果汁机搅打过滤后，可再加母乳或配方奶，以汤匙喂食。燕麦粉可用热水冲食。

提示

燕麦是作为宝宝辅食的很好选择，其膳食纤维含量高，还含有维生素E、亚麻酸、铜、锌、硒、镁等营养成分，有助于宝宝摄取均衡的营养。但要注意，有些宝宝会对麸质过敏，制作此辅食时，建议选用市售无麸质配方的燕麦片。

糙米糊

材料

糙米80克，水500毫升。

做法

糙米洗净后泡水2小时，煮成稀饭后，用果汁机搅打，过滤后以汤匙喂食（1次可煮多一点，煮后分装冷冻储存，食用时再解冻加热）。

提示

糙米含有丰富的膳食纤维，而膳食纤维有助于胃肠道蠕动，促进消化，预防便秘。糙米是稻谷脱去外层稻壳后的颗果，保留了营养价值丰富的胚芽和内皮，直接用来煮食不易消化，所以需要在水里充分地泡一段时间。

小米糊

材料

小米10克，水150毫升。

做法

❶ 将小米洗净，在水中浸泡1小时。

❷ 将小米和泡小米的水一起倒入料理机，搅拌成细腻的米浆。

❸ 将小米浆倒入锅中，加水，开小火，边煮边搅拌，煮沸即可关火。

❹ 加入适量温水，调匀即可用汤匙喂食。

提示

小米含有多种维生素、氨基酸和碳水化合物，可以为宝宝补充营养，促进身体发育。

土豆泥

材料

土豆40克，母乳或配方奶适量。

做法

❶将土豆洗净，去皮，切小块，入蒸锅蒸，用筷子能轻松扎透即熟透。

❷将土豆块放入辅食碗，用汤匙将其压成泥状。

❸加入母乳或冲泡好的配方奶，调匀即可用汤匙喂食。

> **提示**
>
> 随着宝宝的成长，他们的运动量会越来越大，体能消耗也随之加大，土豆泥不仅能提供宝宝所需的热量，还利于消化吸收，不会给宝宝的肠胃造成大的负担。

红薯泥

材料

红薯50克，母乳或配方奶适量。

做法

❶将红薯洗净，去皮，切小块，入蒸锅蒸，用筷子能轻松扎透即熟透。

❷将红薯块放入辅食碗，用汤匙将其压成泥状。

❸加入母乳或冲泡好的配方奶，调匀即可用汤匙喂食。

> **提示**
>
> 红薯含有丰富的膳食纤维，有助于促进消化，且红薯味道较甜，做成辅食，大多数宝宝都喜欢吃。

南瓜泥

材料
南瓜50克，母乳或配方奶适量。

做法
南瓜去皮洗净，切小丁蒸熟，用汤匙压成泥，再加水、母乳或配方奶，用汤匙喂食。

宝宝吃红薯要防胀气？

红薯属于易产气的食物，有些宝宝吃了红薯会胀气；若宝宝不舒服，可以等宝宝长大一点，不会有不舒服的反应后再食用。

宝宝吃了南瓜后，容易挑食？

以主食类来说，南瓜较甜，若担心宝宝因吃了南瓜而挑食，建议先从米、麦类开始食用，最后再尝试南瓜泥。

宝宝吃海带粥会不会太咸?

刚开始给宝宝吃海带粥,量一定不要多,目的是让宝宝尝试不同的口味变化;海带提供天然的鲜味和咸味,制作时不必再添加调味料。

若宝宝吃腻了米粉,饮食还能有什么变化?

米粉或米糊可逐步和尝试过的水果、蔬菜混合,做不同的变化。吃过米糊后,可尝试不同汤底的米糊,如海带可提供天然的鲜味和咸味。

海带粥

材料
干海带1片,大米半杯(量多可冷冻分次食用)。

做法
干海带洗净,泡水,煮沸,再和洗净的大米一起煮成粥;捞起海带,将粥用果汁机搅打成糊,以汤匙喂食。

苹果米粉

材料

苹果60克，市售原味米粉10克，水20毫升。

做法

苹果洗净去皮去核，果肉磨成泥，和市售原味米粉加水搅拌均匀，再用汤匙喂食。

> **提示** 原味米粉可添加各种不同口味的水果，又会有不同的口感变化；若是忙碌的上班族妈妈，亦可考虑使用市售已有水果调味的米粉。

水梨糙米糊

材料

水梨100克，糙米10克，水适量。

做法

❶ 水梨洗净，去皮，去核，切块，用果汁机搅打成汁。

❷ 糙米洗净，用水浸泡2小时，锅中加水烧开，放入糙米，煮成稀饭，然后用果汁机搅打成糊。

❸ 将水梨汁和糙米糊混合均匀，即可用汤匙喂食。

> **提示** 糙米糊的颗粒比大米糊粗，对于还不太会吞咽的宝宝，可用果汁机进行搅打，调整到适合宝宝的口感。

 **水果类**

果汁的制作方式有哪些?

宝宝4个月大左右,就可以开始尝试流质食物,当作辅食的准备期。刚开始制作时不必使用果汁机等工具,最好是以新鲜水果现榨的果汁为主,才能让宝宝充分吸收水果中的营养成分。但需注意制作前务必先洗净双手,甚至连榨汁的纱布、汤匙、滤网、磨泥器等,都要洗干净并消毒。

果汁和蔬菜汁的喂食有要领?

在让宝宝准备衔接辅食前,可以试着在上午的每餐喂奶之间,或者活动之后,用奶瓶喂食新鲜果汁或蔬菜汁。不过,刚开始虽可以先用奶瓶喂食,但若怕宝宝出现将奶嘴和乳头混淆的现象,最好先用汤匙少量喂食,但要小心别让宝宝呛到。

此外,喂食的时机最好在两餐母乳或配方奶之间,不要喧宾夺主让宝宝靠果汁喝饱。因为**4~6个月喂辅食的目的,只是让宝宝尝试各种味道,学习以汤匙吞咽**,并非主要热量来源。这时的奶量一天需要800毫升左右,每天要喝足奶才行。

刚开始可以每天给一种果汁,观察没有出现过敏现象时,再给新的种类。等到开始吃辅食时,切记在每天2次的辅食喂食中,最好能1次喂蔬菜汤、1次喂果汁,让宝宝得到丰富的营养。

第一次喂宝宝果汁要先稀释?

水果含有甜度及酸度,对于初次食用的宝宝,一定要先以冷开水稀释,等宝宝适应后才循序渐进地增加果汁浓度。

喂宝宝果汁以当季水果为主?

宜选择当季且新鲜、多汁的水果,例如橘子、橙子、西瓜、西红柿(有过敏体质的宝宝最好避免)、水梨等。

● **4~6个月:** 每天可给宝宝喝2次果汁(但不能当作主餐),每次5~10毫升。

● **7~9个月:** 每天的果汁量可增加到30毫升,喂食方式可以使用汤匙直接挖果肉磨成泥给宝宝吃,适宜的水果为香蕉、苹果、木瓜等。

果汁先从苹果汁开始?

苹果是水果类中较不容易造成过敏的水果,建议宝宝第一次饮用的水果汁从苹果汁开始。

苹果汁

材料
苹果60克。

做法
❶ 苹果削皮,洗净,以研磨器研磨。
❷ 将过滤的苹果汁以1:1的比例兑水,用汤匙喂食。

提示
苹果富含锌,锌是促进生长发育的重要元素,有促进宝宝智力发育的作用。苹果还有助于维护消化系统的健康,可减轻宝宝的腹泻症状。

丰水梨汁

材料

丰水梨100克。

做法

❶ 丰水梨削皮，洗净，以研磨器研磨。

❷ 将过滤后的丰水梨汁以1：1的方式兑水，用汤匙喂食。

提示
　　丰水梨含有丰富的维生素和矿物质，其所含的膳食纤维还可以帮助宝宝预防和缓解便秘。此外，丰水梨还具有润肺止咳的功效，可以辅助治疗咳嗽。

香瓜汁

材料

香瓜100克。

做法

❶ 香瓜去皮，洗净。

❷ 将瓜肉以汤匙挖出，置于碗内，以汤匙挤压出汁再用汤匙喂食。

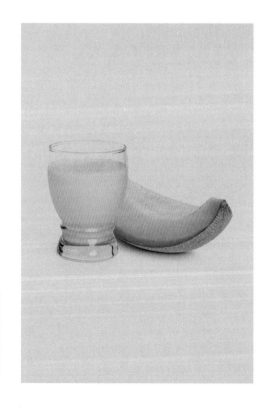

提示
　　香瓜含有钙、磷、铁及多种维生素，是宝宝成长不可缺少的营养成分，能滋养宝宝肠胃，改善消化功能，缓解排便不畅。初次喂食前加冷开水稀释，浓度由稀渐浓。

丰水梨可帮助宝宝排便?

丰水梨含有丰富的果胶,可帮助排便。便秘的宝宝,可慢慢由喝丰水梨汁变成吃丰水梨泥。

 ## 宝宝多喝哈密瓜汁,有助眼睛保健?

哈密瓜含有α-胡萝卜素和β-胡萝卜素,能提供皮肤和眼睛所需的营养成分。

哈密瓜汁

材料
去皮哈密瓜400克。

做法
用汤匙挖出瓜肉,放于碗内,用汤匙挤压出汁,以汤匙喂食。

宝宝多吃西洋梨可防感冒？

西洋梨含维生素A及胡萝卜素，能增强黏膜对于感冒病毒的抵抗力。此外，西洋梨所含的果胶能帮助消化，增强胃肠蠕动，增加粪便量。

过敏宝宝不要喝西红柿汁？

有少数的宝宝会对西红柿过敏。除非是真的严重过敏，才建议在1岁以后尝试西红柿汁，否则可以当成一般水果轮流替换饮用。

西洋梨汁

材料
西洋梨80克。

做法
西洋梨去皮，洗净，用汤匙压出汁来，再用汤匙喂食。

菠萝汁

材料

新鲜菠萝1片（约30克）。

做法

菠萝去皮，洗净，切小块，用汤匙压出汁来，再用汤匙喂食。

提示 菠萝几乎含有所有人体所需的维生素，对儿童生长发育有益。新鲜的菠萝含有菠萝酶，可帮助消化。但宝宝可能会对菠萝产生过敏反应，所以要谨慎食用。

小西红柿汁

材料

小西红柿3颗。

做法

将小西红柿洗净对切，用汤匙压出汁，以1：1的方式兑水稀释，再用汤匙喂食。

提示 小西红柿含有丰富的类胡萝卜素，在人体内能转化为维生素A，具有促进骨骼生长的作用。

宝宝可以吃整颗葡萄吗?

葡萄中的葡萄多酚主要在皮和籽,若是家里有果汁机,可以把皮和籽磨碎,搅成汁或泥给宝宝食用;不过刚开始尝试时,建议还是先从单纯的葡萄汁兑水开始食用。切勿将整颗葡萄给宝宝吃,以免堵住气管发生危险。

糖分较高的果汁,别太早让宝宝喝?

西瓜含糖量较高,宝宝接受度高;但为了避免宝宝拒吃其他偏酸的水果,建议先尝试其他水果汁,再喝西瓜汁。

4个月的宝宝要开始摄取维生素C?

对于4个月以后的宝宝,从母体带来的铁质日趋不足,增加维生素C的摄取,亦可帮助铁质的吸收。木瓜和同等重量的柑橘类水果相比,所含的维生素C更高,建议多食用。

葡萄汁

材料

葡萄2颗。

做法

❶将葡萄洗净置于碗内,以热开水浸泡2分钟后,取出葡萄,去果皮。

❷用干净纱布将葡萄包起,用汤匙挤压出汁。

❸葡萄汁以1∶1的方式兑水,再用汤匙喂食。

> **提示**
>
> 葡萄含有丰富的矿物质、有机酸、氨基酸和多种维生素,可促进食物的消化吸收,有利于宝宝的健康成长。

西瓜汁

材料

西瓜肉1片（约30克）。

做法

将西瓜肉压成汁，过滤，以1：1的方式兑水稀释，再用汤匙喂食。

> **提示**
>
> 　　西瓜的含水量在水果中是首屈一指的，因此，在宝宝口渴汗多、烦躁时，可适量喂食西瓜汁。

木瓜泥

材料

木瓜肉1片（约30克）。

做法

将木瓜肉压碎成泥，再用汤匙喂食。

> **提示**
>
> 　　木瓜含有丰富的木瓜酶、维生素C、B族维生素及钙、磷等矿物质，还含有大量的、丰富的胡萝卜素、蛋白质、柠檬酸等，可以促进脾胃消化、防止便秘。但要注意，宝宝第一次食用木瓜泥时，要注意观察是否过敏。

香蕉泥的口感，宝宝容易接受？

香蕉口感和母乳相似，并且富含膳食纤维，可帮助排便，很适合作为宝宝固定的辅食添加食材。

为什么要给宝宝补充红枣？

红枣是富含各种矿物质和维生素的水果，营养价值高。

香蕉泥

材料
香蕉30克。

做法
香蕉肉压成泥，用母乳或配方奶搅匀，再用汤匙喂食。

红枣中的维生素C能促进蛋白质的合成，提高机体免疫力，预防宝宝感冒。红枣还有增进食欲的作用，可以减少宝宝挑食、厌食的现象。

红枣汁

材料

干红枣4颗。

做法

将红枣洗净，以小刀将红枣的核剔除，水开后丢入红枣煮成汁，再用汤匙喂食。

宝宝何时开始喝蔬菜汁？

等到宝宝已经适应稀释果汁，且没有出现任何不适后，就可以开始尝试喂食蔬菜汁。初期可以单一菜汁为主，记得煮汁时不要添加调味料，因为宝宝的味细胞很敏感，蔬菜的原味对宝宝来说已经是全新的尝试了！

蔬菜汁该怎么做？

蔬菜汁的做法都类似，50克的蔬菜（压紧约半碗），洗净切细丁，放入约1碗的水中煮沸，过滤后取菜汁即可食用。若是含水量较高的蔬菜，水只要8分满的碗量即可。另外，也可以用微波炉煮，半碗蔬菜加半碗水，微波强度设在强力微波2分钟，再换面微波2分钟，取菜汁即可食用。

平常家中若开伙，可用水焯蔬菜，在加调味料前，将蔬菜汤汁捞起，即可给宝宝食用，最后再调味给大人食用。

有很多蔬菜都适合做蔬菜汁，例如胡萝卜、菠菜、上海青、圆白菜、小白菜、苋菜等，可依据季节来选择适当的蔬菜。

先让宝宝尝试绿色蔬菜辅食？

菠菜的蔬菜味重，若宝宝适应良好，以后其他的蔬菜类应该都能适应。因此尝试辅食时，先以绿色蔬菜为主，再试浅色蔬菜或是瓜类蔬菜。

菠菜汁

材料

菠菜50 克，水0.8 杯。

做法

❶ 菠菜洗净，切除根部，切段。

❷ 锅中加水，水开后放入菠菜段略焯，捞出菠菜段，倒掉锅中的水。

❸ 再次往锅中加水，烧沸后放入菠菜段，煮2 分钟后关火，滤取汤汁，用汤匙喂。

西蓝花汁

材料

西蓝花5朵,水1杯。

做法

西蓝花洗净,待水开后放入西蓝花煮熟,取其汤汁,再用汤匙喂食。

提示 用淡盐水浸泡西蓝花5~10分钟,可将西蓝花清洗得更干净。西蓝花汁可促进宝宝成长,维持牙齿及骨骼的正常发育,增强免疫力。

苋菜是替宝宝补充铁质的好蔬菜？

给宝宝尝试辅食的时候，不要以大人的喜好为主。苋菜因为铁质含量较高，所以味道会比较重，由于此时宝宝体内储存的铁质愈来愈少，因此很适合给宝宝补充铁质。

红薯叶所含的维生素A很丰富？

红薯叶含有非常丰富的维生素A，在蔬菜类名列前茅，对于宝宝的皮肤、头发和指甲的健康非常重要。

苋菜汁

材料

苋菜50克，水1杯。

做法

将苋菜洗净，放入碗内，加1杯水蒸煮，煮熟后以汤匙压汁喂食。

空心菜汁

材料

空心菜50克，水1杯。

做法

将空心菜洗净，放入锅内加1杯水蒸煮，煮熟后以汤匙取其汤汁，再以汤匙喂食。

提示　空心菜富含膳食纤维，具有促进宝宝胃肠蠕动、通便解毒的作用。

红薯叶汁

材料

红薯叶50克，水1杯。

做法

将红薯叶洗净，放入锅内加1杯水蒸煮，煮熟后以汤匙取汁喂食。

提示　红薯叶含有丰富的膳食纤维及维生素A、叶绿素和钙，对宝宝的生长发育大有好处。

小白菜有什么营养价值?

小白菜属于十字花科的蔬菜，富含多种维生素，其中维生素C的含量在蔬菜中属于含量较高的一种。

圆白菜有宝宝所需的多种天然营养物质?

圆白菜含有多种天然营养物质，以及 β-胡萝卜素、叶黄素、吲哚类、萝卜硫素、葡糖二酸等，宝宝多吃可从中获得不同的抗氧化物质。

给宝宝喝的胡萝卜汁要煮熟?

宝宝的肠胃系统并未健全，不建议喝生胡萝卜汁，应煮熟后再压汁。

小白菜汁

材料

小白菜50克，水1杯。

做法

小白菜洗净切段，放入水中；水开后，以中火煮沸3分钟后，过滤取其汁，用汤匙喂食。

提示

小白菜是维生素和矿物质含量最丰富的蔬菜之一，用它做辅食有助于宝宝补充营养，增强免疫力。

圆白菜泥

材料

圆白菜50克,水1杯。

做法

圆白菜洗净煮熟,以果汁机搅成泥,用汤匙喂食。

提示　　圆白菜富含膳食纤维,可促进胃肠蠕动,但其中的粗纤维较不利于消化,所以脾胃虚寒、腹泻的宝宝不能多吃。

胡萝卜汁

材料

胡萝卜80克。

做法

将胡萝卜洗净,蒸熟煮软后,用果汁压榨机压出胡萝卜汁,以1:1的方式兑水稀释,用汤匙喂食。

提示　　若没有果汁压榨机,可用电锅煮熟,煮出来的胡萝卜汤汁,亦可保留喂食;另外可用食物研磨器磨出汤汁,过滤稀释再喂食。

83

7~9 个月 宝宝吃辅食

喂辅食要注意哪些事?

辅食也要遵循营养均衡原则?

宝宝七八个月时，可以吃的食物种类变多了。这时**每天的食谱中，就要开始注重营养均衡原则，因此别忘了搭配谷类、蔬菜、水果**等，维持全面且均衡的营养。

外出游玩，如何准备辅食?

● 准备好能整份带出门的水果，如香蕉、苹果等，再带上碗和铁汤匙，以便能刮出果泥喂宝宝。

● 把稀饭煮烂放进保温瓶中。

● 买现成的婴儿罐头食品。

● 若考虑事前制作麻烦，又不易保存，也可以买白吐司或馒头在路上喂食。

● 如果是夏天出游，记得要注意食物保存事宜，避免太阳直射食物，导致食物腐败变质。

该为宝宝添加营养剂吗?

有些母乳宝宝长得较精瘦,让父母误以为宝宝营养不良,而想帮其添加营养剂。其实,**宝宝7~8个月开始,身体会逐渐长高,体形不似前几个月那般圆润,这是自然现象,不用过于担心。**

至于是否需要添加营养剂,则应该由小儿科医师根据个体的发育状况,**例如身高、体重、头围等比例做评估**;若真需要,才可遵照医师建议添加,不建议父母自己购买营养剂添加在辅食中。

给宝宝吃市售婴儿食品,如何兼顾咀嚼力?

市售的婴儿食品种类很丰富,如果父母没有时间亲自做辅食,选择罐装婴儿食品也可以。不过,**宝宝9个月大时,应该吃一些需要咀嚼咬碎的食物了,这时罐装婴儿食品就显得太软了一点。**

父母可以选用一些简单的食材,如搭配面、香蕉、蔬菜等,就能让菜色更丰富,并达到增量的效果,同时兼顾婴儿的营养均衡和咀嚼力。

如何判断宝宝吃蛋是否会过敏?

蛋清容易引起过敏,且蛋壳上的细菌也容易通过食物传染给宝宝,因此蛋要煮熟是最基本的原则。**7个月大的宝宝只能先喂食蛋黄,1岁以上才可喂食蛋清**,如果吃其他食物都没有不舒服的反应,只有在吃蛋时才有明显的反应,就是对蛋清过敏的现象。

如果经过确认,证实对蛋清过敏,就暂时不要喂食,待小儿专科医师进一步确认是否为过敏体质并找出过敏原。遇到这种情况,先别自行判断,而限制了孩子的饮食。

宝宝用舌头顶出食物,是表示不喜欢吃吗?

宝宝用舌头顶出食物,可能只是一种反射动作,不代表宝宝不喜欢吃这些食物,只要多尝试几次,宝宝就会开始吃。

此外,有时宝宝会因为不喜欢有颗粒的食物,而将送入嘴中的食物用舌头顶出来,但又无法一直喂食糊状食物,让父母相当困扰。这时可准备能让宝宝自己用手拿着吃的东西,例如婴儿牙饼,激起他自行进食的兴趣。只要多试几次,或许就可以顺利进食!

要帮宝宝清洁舌苔或乳牙吗?

原则上,宝宝第1颗乳牙是在6~8个月中长出的,但其实乳牙早在宝宝出生时,就已经在牙床里发育完成。很多妈妈以为,因为还没长牙,所以不需要清洁口腔,这是错误的观念。在还没长牙前,就应保持宝宝口腔清洁。

当喝完奶或吃完辅食后,可以用干净的纱布伸进宝宝的口腔中,轻轻擦拭并让他/她吸或咬,以保持口腔的干净。养成习惯后,待牙齿长出继续清洁,便可以预防奶瓶性龋齿。

辅食阶段何时结束?

若宝宝已经可以用牙龈咬断如香蕉硬度般的食物,然后很顺利地慢慢咀嚼后吞下肚时,且每餐主食都能吃下儿童餐碗的1碗分量,蔬菜和蛋白质类食物也顺利进食时,就表示宝宝已经逐渐脱离辅食阶段,可以准备迈入下一个饮食阶段,开始逐渐尝试大人的饮食。

辅食阶段结束的时间点,每个宝宝不尽相同,可以在1～1.5岁之间完成。不过,虽然宝宝可以逐渐脱离辅食阶段,进入和成人一样的饮食状态,父母仍必须留意烹煮的方式,不要一下就给予太硬或含过多调味料的食物,以免造成吞咽困难或消化不良。

为什么有些食物吃下去后,又完好如初地从便便排出?

有些食物确实会在吃进去后,完好如初地从便便排出,像胡萝卜、金针菇等,虽然看起来令人担心,但其实是正常的现象,**因为人体胃肠道无法消化吸收高纤维蔬菜,会以粪便形式排出,帮助排便顺畅,建立良好的肠道环境。只要胃肠道没有出现不寻常的现象(例如腹泻),都无须担心,**若宝宝愿意吃,应继续喂食。

因为生病拉肚子,中断辅食喂食后,还需要从头开始吗?

需要!如果是因为腹泻而暂停喂食辅食时,可以等到情况稳定下来后,先观察宝宝的食欲和排便状态,再从容易消化的清粥开始恢复喂食。倘若刚开始喂食辅食即出现腹泻的现象,或者比腹泻的情况更严重,则需请医师诊治;治疗后,等到情况好转时,再从头开始逐渐恢复喂食。

食物送进口里，嘴巴没动就吞进肚里，没关系吗？

通常8个月大的宝宝，已经会用牙龈及舌头压扁食物后吞进肚子里，如果发现宝宝没有咀嚼就直接把食物吞下去，可能的原因有两种：其一是因为之前都是吃软的食物，突然换成较硬的食物时，因为牙龈或舌头不习惯进行压扁的动作，所以直接吞下去；另一个可能则是，家长仍每次都喂食软绵绵的东西，不需要咀嚼就可直接吞下去。

如果是后者，父母不妨改变一下食物的硬度，看看宝宝会不会动口，再努力寻找适合宝宝的食物硬度。

何时可以开始使用杯子？

当宝宝6~7个月时，就可以开始训练他使用杯子。可以在餐和餐之间吃辅食时，用温开水或稀释的果汁代替牛奶，装在杯子里，让宝宝喝。 在宝宝吃到一半时，开始让他/她喝，每吃几汤匙的食物后就喝一些。

等到宝宝已经能从杯子中喝几十毫升稀释的果汁或温开水时，就可以让他在进食时，也用杯子喂食，让他逐渐习惯，慢慢戒掉奶瓶、奶嘴。之后也可以练习使用吸管。市面上也有出售许多练习杯，都很适合拿来当作练习的工具。

通常宝宝在1岁以后，就能逐渐灵巧地运用杯子和吸管。在此之前，只要轻松地让宝宝慢慢练习即可。

先喂孩子吃，长大后再让他/她自己动手吃？

当宝宝到了6~7个月的阶段，会希望自己拿东西吃，这时父母可以让他/她拿着牙饼或米果放在嘴巴里，或者提供学习用的汤匙，让他/她练习抓握，既可以吸引他/她进食的兴趣，又能培养他/她的自理能力。

若想培养宝宝定点用餐的习惯，可以准备专属的餐椅；且在用餐前，在餐桌底下铺报纸，帮宝宝穿上围兜，等到吃完后再整理即可。

如何训练宝宝自己进食？

宝宝7~8个月时，是训练他/她自己进食的关键时刻，虽然容易搞得一团糟，但更要耐着性子让他/她自由发挥，学习自理。只要在用餐前，先在餐桌下铺报纸或餐垫，帮宝宝穿上围兜，就可以让他/她学习自己拿着汤匙进食，父母只需要在旁边偶尔协助，趁机将食物偷偷塞入他的嘴里。这样不久之后，宝宝就会自己学会用汤匙进食了。

7～9个月的宝宝能吃什么？

等到宝宝大约7个月大时，就可以开始添加含蛋白质的食物，例如蛋黄、鱼肉、猪肉、牛肉、豆腐等都可以慢慢尝试，但还是不能吃蛋清，因为较容易产生过敏现象。

这时的食物内容可从汤汁或糊状，逐渐变成泥状或固体，至于谷类食物仍可食用，可以改成稀饭、软面条、吐司及馒头等。

至于蔬菜或水果，细纤维的可以先吃；若是纤维较粗的蔬果，甚至太过油腻或辛辣的调味料或食物，则不适合宝宝食用。最重要的是，喂食前，先试试食物的温度，以免烫伤！

7~9个月辅食

宝宝吃米饼可以训练手的握力?

米饼能训练宝宝以手进食的力道;对于已经长牙的宝宝,也是很好的固齿工具。

怎么喂宝宝吃面包?

已经长牙的宝宝,可以让他自己用手拿着烤过的吐司、馒头等慢慢吃;或者可以去掉馒头、吐司的硬皮,撕成小块,泡在牛奶中喂食。

米饼

材料
市售幼儿原味米饼1片。

做法
拆掉米饼的包装袋后,让宝宝用手握取食用。

> **提示**
> 米饼的特点是咬感轻松、老少皆宜,又不胀胃,营养丰富,还可帮助宝宝磨牙。此食品的营养成分以1片4克来计算。

烤吐司

材料

吐司1/3片。

做法

将吐司置于烤箱烤5分钟，烤至双面呈金黄色，待凉后让宝宝用手握取食用。

提示　吐司含有丰富的碳水化合物、维生素及钙，可促进宝宝的骨骼发育。也可食用全麦吐司，但要注意宝宝是否会对麦类过敏。

蒸馒头

材料

市售馒头30克（约1/3个）。

做法

将馒头用电锅蒸熟，待温度适宜后让宝宝用手握取食用。

提示　让宝宝用手拿着馒头吃，不仅可以锻炼宝宝的抓握能力，还可促进宝宝的牙齿发育，锻炼宝宝的咀嚼能力。吐司与馒头因为质地较干，食用时常配水喝，但是配水后淀粉容易黏成一团，要小心宝宝呛到。

豌豆和黄豆都富含优质蛋白质?

豌豆和黄豆不仅富含膳食纤维，也都是很好的优质蛋白质来源，适合作为宝宝的补充营养食材。

宝宝可以吃面线但不要喝汤?

面线汤汁不要给宝宝喝，因面线含盐量比较高，汤汁较咸。若选用不咸的面，则可喝汤汁。

宝宝第一次吃萝卜糕要慎选?

宝宝刚开始食用萝卜糕，要选用原味无馅料的萝卜糕，不要买港式萝卜糕，因为其钠和油脂含量都较高。

豌豆泥

材料

豌豆85克。

做法

豌豆洗净，放入电锅内，加少量水蒸煮至熟，再用汤匙压碎成泥状喂食。

提示

豌豆富含膳食纤维，能促进大肠蠕动，保持大便通畅，很适合便秘的宝宝食用。

面线

材料

面线10克。

做法

❶ 锅中加水烧开，加入面线煮至熟烂。

❷ 将面线捞出，用汤匙压碎后再喂食宝宝（压碎的程度，依宝宝的吞咽能力决定）。

提示 制作面线时会加盐以起到保鲜的作用，若煮给宝宝吃，则不需要额外加盐。

蒸萝卜糕

材料

萝卜糕25克（约1/3块）。

做法

将萝卜糕用电锅蒸熟，再用汤匙压碎后喂食。

提示 萝卜糕也可油煎食用，它不仅营养丰富，而且有助于锻炼宝宝的咀嚼能力，可作点心食用。

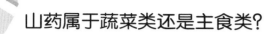

山药属于蔬菜类还是主食类?

山药分类上属于主食类，能提供宝宝复合性的碳水化合物，也就是能量来源，因此并非蔬菜类。

红枣山药粥

材料
红枣2 颗，山药20 克，大米20 克，水适量。

做法
❶山药洗净，去皮，切小丁；红枣洗净，去核，切碎；大米洗净。
❷锅中加水，大火烧开，将大米、山药丁、红枣碎放入锅中，大火煮开，转小火煮至粥黏稠。
❸将粥用果汁机搅打成糊，用汤匙喂食。

如何自制大骨高汤?

可以将大骨头或小肋骨放入清水中,用中火煮沸5分钟,先去除血水。然后再将汆烫过的骨头,用清水洗净,再放入清水中熬煮约2小时,加入1个苹果,就是一锅营养的高汤,不需使用任何调味料。

高汤冷却后,即可移入冰箱冷藏,再捞掉汤上的浮油;待冷却后,将高汤倒入制冰盒,需要食用时再取出所需的量即可。

大骨汤一定要去油?

给宝宝喝的大骨汤一定要去油,因为宝宝胃肠道发育不完全,对于脂肪的消化能力不好,高油脂食物容易造成拉肚子。

大骨南瓜粥

材料
大米20克,去皮南瓜30克。

调味料
大骨高汤120毫升。

做法
❶ 南瓜洗净,去皮、去瓤,切块。
❷ 大米洗净,和大骨高汤一起煮成粥,用果汁机打匀,再用汤匙喂食。

提示
南瓜富含胡萝卜素,有益眼睛健康。

柴鱼高汤需要添加调味料？

柴鱼高汤是以天然海带咸味和柴鱼鲜味调味，不需另外加盐和味精，避免宝宝养成重口味。

粥的烹煮方法是怎样的？

用小火将米和水熬成粥即可喂食。如果宝宝已经适应多种蔬菜，可以在里面加入少许的肉泥、蔬菜或鱼肉、蛋等，就是一道可口营养的粥。

宝宝吃苹果和麦片，可增加肠道益生菌？

苹果和麦片都是富含水溶性膳食纤维的食物，能增加肠道的益菌量。

柴鱼海带粥

材料

大米、糙米各20克（先泡水2小时），柴鱼高汤120毫升。

做法

糙米和大米混合后，以柴鱼高汤熬煮成粥，放入果汁机中，用果汁机搅打至浓稠，再用汤匙喂食。

提示

柴鱼高汤做法：用少许柴鱼和鸡骨、1片海带，熬煮成高汤后去渣。冷却后将高汤倒入制冰盒，食用时再取出所需量即可。

西红柿蔬菜粥

材料

西红柿50克，洋葱20克，圆白菜30克，大米20克。

做法

将蔬菜洗净切小块，加水和洗净的大米一起熬煮成粥；再用果汁机打糊，过滤去渣，再用汤匙喂食。

提示　开始尝试多种食物一起煮前，要确定宝宝每种食材都各自食用过，才能混煮，以免宝宝出现过敏时找不出引起过敏的食物。

苹果麦片泥

材料

苹果60克，麦片20克。

做法

苹果洗净，去核，切块，用果汁机打成泥，加入用水冲好的麦片糊拌匀，用汤匙喂食。

提示　麦片所含的氨基酸组成比较全面；清香甘甜的苹果能够大大增进宝宝的食欲。

 **蔬菜类**

宝宝多吃绿豆芽泥，能补充维生素C?

绿豆芽是维生素C含量很高的蔬菜，可以增强宝宝的抗病能力，另外维生素C还能促进身体对铁质的吸收，有助预防贫血，对宝宝的大脑和智力发育也有助益。

7~9个月的宝宝建议多吃油菜泥?

7~9个月的宝宝每日需要钙量为400毫克，每100克的油菜含有148毫克的钙，是蔬菜中含钙量较高的，可以多食用。

宝宝对丝瓜泥的接受度很高?

丝瓜有天然的甜味，不需要加调味料，很适合宝宝食用。

绿豆芽泥

材料

绿豆芽40克。

做法

❶ 将绿豆芽洗净。

❷ 锅中加水烧开，放入绿豆芽煮熟，捞出放凉。

❸ 将绿豆芽用破壁机搅打成泥状，倒入碗中，用汤匙喂食。

提示

绿豆在发芽的过程中，因为维生素C的含量大量增加，可达绿豆原含量的几倍，所以绿豆芽的营养价值比绿豆更高。

油菜泥

材料

油菜40克。

做法

将油菜洗净，用水煮熟，搅成泥状，用
汤匙喂食。

丝瓜泥

材料

丝瓜100克。

做法

丝瓜削皮，洗净切碎，蒸熟后搅成泥
状，用汤匙喂食。

冬瓜泥

材料

冬瓜50克。

做法

冬瓜削皮，洗净切碎，蒸熟后搅成泥状，
用汤匙喂食。

芥蓝菜泥

材料。
芥蓝菜40克。

做法
将芥蓝菜洗净，煮熟后放凉，搅成泥状，用汤匙喂食。

> **提示**
> 　芥蓝含有丰富的膳食纤维，且容易消化，可促进胃肠蠕动，常吃芥蓝菜可预防感冒，还可以补血。

西红柿小白菜泥

材料
西红柿1/6个（约30克），小白菜20克。

做法
水开后，放入洗净的西红柿和小白菜烫熟，以果汁机搅打成泥，用汤匙喂食。

> **提示**
> 　西红柿皮纤维含量高，若是果汁机功率不够搅打成泥状，可先剥皮再搅打，等宝宝咀嚼能力比较好后，才能吃带皮西红柿。

何时开始让宝宝慢慢接受混合蔬菜?

当宝宝每一种单一食材都尝试过后，就可以混合食用。尽早让宝宝接受五蔬果的概念，每餐吃不同颜色的蔬菜。

混合食物也包括不同类别的食材?

宝宝在尝试过蔬菜类和蛋白质类的食物后，就可以混合食用，增加食物的多样性。

青花芽菜泥

材料
青花芽菜30克。

做法
水开后，烫熟洗净的青花芽菜，搅成泥状，用汤匙喂食。

三色蔬菜泥

材料

胡萝卜20克，圆白菜30克，西蓝花1朵（约10克）。

做法

❶ 将胡萝卜去皮洗净，切丁；圆白菜洗净，切丝；西蓝花洗净，切碎。

❷ 将胡萝卜丁、圆白菜丝、西蓝花碎分别蒸熟。

❸ 将胡萝卜丁、圆白菜丝、西蓝花碎分别用破壁机搅打成泥状，倒入碗中，用汤匙喂食。

苋菜豆腐泥

材料

苋菜40克，嫩豆腐1/3盒（约30克）。

做法

❶ 将苋菜洗净，切段；锅中加水，水开后烫熟苋菜，捞起沥干，用果汁机搅成泥状。

❷ 嫩豆腐用热开水烫过，和苋菜泥一起搅打成泥状，用汤匙喂食。

提示
　　苋菜虽然富含膳食纤维和多种营养成分，但宝宝一次不宜摄入过多。

葡萄柚汁不建议冷藏后喝?

　　橘柚类的果汁维生素C含量高,若事先榨好放入冰箱冷藏,会影响维生素C的功效,建议现榨现喝。

易过敏的宝宝不建议吃猕猴桃?

　　猕猴桃营养丰富,若宝宝易过敏,最好1岁以后再尝试,除非家族或父母有人确定对猕猴桃过敏,需避开。猕猴桃富含维生素C与膳食纤维,是一种很好的水果。

番石榴最好连籽一起搅打?

　　番石榴心的果肉富含维生素C,不建议丢掉,但因为含籽,给宝宝食用时,一定要用果汁机搅打到没有颗粒。若家里的果汁机功率没那么强,建议还是先去籽,等宝宝会咀嚼后再食用。

橙汁

材料
橙子250克。

做法
取橙子果肉榨成汁,以1:1的比例兑水,再取30毫升,用汤匙喂食。

> **提示**
> 若已尝试过的果汁,不需和水以1:1稀释,可逐渐增加果汁浓度。

葡萄柚汁

材料
葡萄柚190克。

做法
取葡萄柚果肉榨成汁,以1:1的比例兑水,再取30毫升,用汤匙喂食。

猕猴桃泥

材料

猕猴桃50克。

做法

猕猴桃洗净，削皮，切块，压成泥，以
1∶1的比例兑水，用汤匙喂食。

提示　猕猴桃富含的维生素C，可强
化免疫系统，促进伤口愈合和对铁
质的吸收。

番石榴汁

材料

番石榴40克。

做法

番石榴洗净，切块，用果汁机搅打成
汁，用汤匙喂食。

提示　番石榴糖分低、热量低、脂肪
少，且蛋白质、维生素及矿物质含
量丰富，适合宝宝食用。

莲雾汁

材料
去皮莲雾100克。

做法
莲雾洗净，去皮切小块，用果汁机打成汁，用汤匙喂食。

 **肉类**

喂宝宝肉泥先从哪种肉开始?

宝宝开始尝试优质蛋白质时,可以先从鸡肉或猪肉开始喂食,因食此类肉婴儿不容易过敏。

辅食中的铁质来源,可否从牛肉中获得?

这个时候的宝宝每日需要10毫克的铁质,每100克牛肉所含铁质约为1.8毫克,是辅食中很好的铁质来源。

鸡肉泥

材料
鸡胸肉30克。

做法
鸡胸肉洗净后切碎,蒸熟后以汤匙压成泥,再用汤匙喂食。

猪肉泥

材料

腰内肉30克。

做法

腰内肉洗净后绞碎,蒸熟后压成泥,用汤匙喂食。

提示　　刚开始时,肉泥要做得碎一些,尽量做成茸状,待宝宝适应后,可以将肉泥加入婴儿配方米粉中混合喂食。

牛肉燕麦粥

材料

牛肉末30克,燕麦20克,水适量。

做法

❶ 燕麦洗净,放入锅中,加水,大火煮开后转小火,继续煮15分钟。

❷ 将牛肉末放入锅中,大火煮至牛肉熟透。

❸ 将煮好的粥放入破壁机搅打成糊状,用汤匙喂食。

提示　　牛肉可增强宝宝免疫力,燕麦含有丰富膳食纤维,可促进胃肠蠕动,它们都是很好的保健食品。

哪种动物的肝脏最适合宝宝食用?

鸡肝和猪肝含有同样丰富的营养成分,其中维生素A的含量,猪肝大于鸡肝。因为鸡肝和猪肝可提供丰富的铁质、维生素A及卵磷脂,所以特别适合宝宝食用。

猪肝泥

材料
猪肝30克。

做法
将猪肝洗干净,蒸熟,切成小块并捣成泥,用汤匙喂食。
也可搭配其他食材,让营养更全面、均衡。

 豆类

给宝宝吃的豆腐，要用嫩豆腐？

4~6个月宝宝的肠胃发育还不健全，嫩豆腐比传统豆腐较不会造成胀气。此外，一开始就喂生豆腐，怕宝宝肠胃无法接受，因此嫩豆腐应以热水烫过再食用会比较安心。

宝宝为什么需要吃毛豆？

毛豆如同黄豆，都是优质蛋白质的来源之一。

清浆才是适合宝宝喝的豆浆？

给宝宝喝豆浆无关好不好喝，重点在于让宝宝尝试不同食材的味道，因此，豆浆不需要加糖。

豆腐泥

材料
盒装嫩豆腐30克。

做法
嫩豆腐用热水烫过，压成泥状，用汤匙喂食。

提示
豆腐的蛋白质含量丰富且质量优良，它还含有较丰富的脂肪、碳水化合物、维生素及多种矿物质，易消化吸收，可促进宝宝的生长发育。

毛豆泥

材料
去壳毛豆30克。

做法
毛豆洗净，蒸熟后压成泥状，用汤匙喂食。

提示　毛豆中的卵磷脂是大脑发育不可缺少的营养成分之一，有助于增强宝宝的记忆力和智力水平。

原味豆浆

材料
黄豆20克。

做法
黄豆洗净，浸泡至少4小时，加入适量水，放入果汁机打碎后，用布滤出豆浆，煮沸后放凉，用汤匙喂食。

提示　生黄豆含有消化酶抑制剂及过敏因子等，食后易引起恶心、呕吐、腹泻等症，故必须彻底将豆浆煮熟后才能食用。

 蛋类

宝宝什么时候可以开始吃蛋清?

蛋黄富含铁质、卵磷脂、维生素A、维生素B_2、维生素E,是非常好的优质蛋白质食物。而蛋清的蛋白质较易引起过敏反应,以前认为至少要1岁以后才可食用,但现代医学认为,只要父母本身和家族成员没有对蛋清过敏,7～9个月期间已试吃蛋黄或其他蛋白质食物,就可以尝试进食蛋清。

蛋黄泥

材料
鸡蛋1个。

做法
将鸡蛋煮熟,取出蛋黄压碎,加入少许温水拌匀,用汤匙喂食。

哪种鱼类最适合当辅食?

给宝宝吃的鱼,最好选择新鲜、刺少、肉质细嫩的种类。此外,烹调时一定要小心剔除鱼刺或鳞片,并且剁碎以方便宝宝进食。适合的鱼种和烹调方式如下:

- **鳕鱼、鲈鱼:** 最佳的鱼类辅食之一。
- **三文鱼:** 肉质较粗,适合捣成泥后喂食。
- **鲳鱼:** 腹部鲜嫩无刺。
- **红目鲢:** 鱼刺较多,要清除干净。
- **旗鱼:** 适合捣成泥。

鱼肉和粥一起煮,增加食物多元性?

刚开始喂食时,可以先喂鱼汤,适应后加入米粥一起煮,之后再将鱼肉煮熟压泥,加在粥或面食之中,用汤匙喂食。

鲈鱼泥

材料
鲈鱼30克。

做法
将鲈鱼洗净,蒸熟,刮下鱼肉,挑出鱼刺,压成泥状,用汤匙喂食。

提示
也可选用肉质较细嫩的鱼,如旗鱼、白鲳、鳕鱼等。

鲷鱼粥

材料

鲷鱼30克，大米40克，水适量。

做法

❶ 将大米洗净，加水煮成粥。

❷ 将鲷鱼洗净，挑出鱼刺，压成泥，放入粥中，煮熟即可
盛出，以汤匙喂食。

10~12 个月 宝宝吃辅食

喂辅食要注意哪些事?

宝宝爱喝果汁可以吗?

一个水果只能榨出约60毫升的果汁,现榨果汁1杯200毫升,可能要用3个以上的水果,宝宝一天摄入糖分可能过多。市售罐装果汁,通常非100%原汁或浓缩果汁的还原汁,可能添加过多糖分或其他不适合宝宝的物质,不适合宝宝饮用。

若以果汁代替开水喂食宝宝,会降低宝宝吃辅食的食欲,容易导致营养不良及贫血,宝宝也会相对失去摄取其他营养成分的机会,对牙齿的牙釉质也没益处,可能形成蛀牙,特别是以奶瓶喂食的情形最常见。还有研究指出,每天若摄取360毫升以上的果汁,可能导致宝宝身材矮小及肥胖。这些负面效果是父母在买果汁给宝宝喝时,应该先考虑的重点。

宝宝不爱喝水怎么办?

在宝宝满4个月前,其实是不需要补充水分的,但到了辅食阶段,就应该让其养成喝水的好习惯。

除了可以在宝宝喝完奶或吃完辅食后,给予一点水分让他/她漱漱口,平常时间也可少量喂食。**如果宝宝不愿意喝水,可以让他/她稍作活动,消耗水分后,口渴了自然就想喝水。**当然,父母要以身作则,让宝宝有学习模仿的对象,知道渴了就应该喝水,才是根本解决之道。

市售果汁多半是含糖饮料

市售果汁的成分主要以水为主,严格来说属于糖类食物,在国内的食品法规中,真正可以称作果汁者,必须为100%纯果汁,若有其他的成分,就是所谓的含糖饮料。

市售果汁的果汁含量从10%~99%都有,其成分不外乎甜味剂、调味剂及些许维生素等。购买前,最好先看清食品标识中的营养成分再购买,同时也不建议让宝宝过早接触市售果汁。

宝宝挑食怎么办？

当宝宝开始吃辅食后，也会跟成人一样，可能出现对某些食物的偏好，或不喜欢某些食物的口味。父母多半会担心宝宝的饮食不均衡，尤其开始吃辅食后，奶量可能会减少。

解决的方法是尊重宝宝对食物的喜好，但同时要在每顿餐中都能让他/她尝试不同种类的食物，即使只吃一点点也无妨。 如果宝宝拒绝某种食物，也不要立刻停止喂食而改换其他食物，可以等过一阵子后，再重新喂食，通常就能顺利进食。

1岁以内的宝宝，为什么不能喝蜂蜜水？

由于蜂蜜没有经过消毒杀菌的过程，且其中含有肉毒杆菌孢子。**1岁以下的宝宝，其免疫及胃肠功能都尚未发育完全，如不慎食用而受到感染，可能造成神经肌肉麻痹，** 严重者甚至会影响呼吸导致死亡，因此不建议食用。

宝宝可以喝乳酸饮料吗？

宝宝大约4个月大时，体内分解食物的酶才会逐渐成熟，**要等到1岁以后，才会完全接近成人的功能。由于乳酸饮料的糖分过高，因此不适合太年幼的宝宝食用。** 如果希望宝宝能摄取乳酸菌，可以询问小儿科医师，并在医师建议下服用较佳。

什么时候可以喝酸奶?

益生菌能平衡肠道内的细菌，适度调节体内免疫机制。酸奶的益生菌多为乳酸杆菌、比菲德氏菌等，**建议最好等到1岁以后，再开始让宝宝少量接触原味酸奶。**

圆滚滚的宝宝怎么吃辅食?

圆滚滚的宝宝看起来健康，其实却暗藏健康危机！**开始喂食辅食时，更要特别注重应以健康为导向，**建议以苹果泥、橙子泥等高膳食纤维的食材为主。此外，也要让宝宝多喝水，但切记不要养成喂食葡萄糖水等高热量食物的习惯。

到了7~8个月时，可选择有饱腹感的食材当作主食，不要因为担心宝宝过胖而少吃1餐，毕竟基本的营养还是必须足够的。更不要天真地让宝宝从小减肥，许多专家都建议，宝宝5岁以前，正是成长的黄金时期，不宜过度减肥或节食，以免成长受限。

宝宝不能吃哪些重口味食物?

某些具有特殊气味的食材，如大蒜、洋葱等，烹煮时虽然没有添加任何调味料，但其**本身就有比较重的气味，这种食物对宝宝来说，就算是重口味食物。**

此外，还有一些为了强化口味的调味料，如盐、酱油、糖，或是增加口感的甜辣酱、番茄酱、辣椒、沙茶酱等，也是另一种重口味食物。当然，有些加工食品更不用说，由于宝宝的味蕾尚未发育完全，感受性比成人强，有时对我们来说只是稍稍有味道，但对宝宝来说，就是重口味食物了。

 重口味食物对宝宝的影响

从小就吃重口味，不用说，长大后口味当然会越吃越重，调味料用量也会逐渐增加。调味料中的钠、糖分若摄取过多，除了可能使血压升高或增加糖尿病的发生概率，对肾脏更是一大负担。

宝宝口味重该怎么调整呢?

宝宝喜欢吃重口味食物的原因,通常是在开始吃辅食后,没有注意所添加的食品调味料,因而造成宝宝挑食,只愿意吃有味道的食物。所以**一开始就要注意宝宝的辅食中,不要添加任何调味料。**

当然,有时也会因为随着年龄增长,吃了大人食物后,受到父母的口味影响,逐渐形成重口味。

如果发现宝宝嗜吃重口味,应该好好慎选辅食,先搞清楚哪些食材、调味料是宝宝不能吃的,然后慢慢养成正确的饮食好习惯。

此外,**也要循序渐进,逐渐减少调味料的用量,让宝宝慢慢适应**;或者在给辅食前,先让他/她喝点水,等宝宝口腔里没有其他气味后,再让他/她吃新的食物。

甜食对宝宝健康的影响也很大,例如会造成蛀牙,再加上含糖类食物的热量高,会给宝宝带来过多的热量,造成肥胖问题。若偏爱吃甜食,结果只吃甜食而不吃正餐,导致营养不均衡。

宝宝厌奶怎么办? 可否半夜偷偷灌奶?

宝宝过了6个月后,体重增加的速度会逐渐减缓。此阶段正在开始冒乳牙,由于宝宝长牙时牙龈容易不舒服,加上开始吃辅食,所以会比较没食欲。

其实这个时期的厌奶,是正常的生理现象,如果父母一定要求定时定量,容易搞得双方都不愉快。如果宝宝只是少吃一点,但身高、体重、活动力都一切正常,就应该尊重自然的身体需求来加以喂食。

有些妈妈为了让宝宝多吃一点,妄想在宝宝睡觉时,偷偷地猛灌奶水,这种方法实在不明智。被糊里糊涂地灌饱的孩子,会对吃更加没有兴趣,恶性循环下去,会让妈妈更伤脑筋,宝宝也容易因为睡前喝奶却不清洁口腔的坏习惯,产生奶瓶性龋齿。

如果在宝宝睡觉时灌奶,需注意最后要以清水清洗口腔,避免龋齿。若宝宝已满4个月又厌奶,可开始尝试添加辅食。

宝宝不喜欢吃固体食物怎么办?

有些父母喂食辅食时,并没有遵照宝宝原有的发育阶段依序喂食,可能很晚才接触辅食;且刚接触就喂固体食物,没有循序渐进地让宝宝有练习的机会,因此容易喂食失败。

通常只要宝宝在2岁以前能接受完全的固体食物都算正常,至于应该何时转换,则须视宝宝的月龄和发育情况。简单观察,当宝宝能够坐着或吸吮反射消失后,就可以逐渐尝试固体食物。

快满周岁了,但宝宝只想喝奶,不喜欢吃辅食怎么办?

如果是因为奶量没有减少,吃不下辅食也是理所当然。这时父母可以想想是不是哪里出了问题,再针对问题一一解决。

● 宝宝的生活作息规律正常吗?用餐时间会太长?睡眠时间会不会过长?

● 辅食是否一成不变?

● 口味过重?过咸还是过辣?

● 辅食的软硬度是否适中?宝宝食用是否太吃力?

● 有没有强迫孩子吃他/她不喜欢的食物?

● 吃辅食前,是否喂食过多的果汁或牛奶?

只要花点心思,在宝宝肚子饿时就喂他/她容易进食的辅食,渐渐就能减少奶量了。

如何提振宝宝的正餐食欲?

吃正餐前不给宝宝吃零食、点心。通常宝宝会在两餐中间肚子饿时想吃零食,这时只有狠下心,坚守不在正餐前给他/她零食的原则,就能提振正餐的食欲。

或者,当宝宝饿的时候,就给他吃辅食,不要拘泥于原本的饮食时间,稍稍调整进食时间,之后再慢慢调回正常时间。

宝宝吃饭不专心怎么办？

宝宝在吃辅食后期，10~12个月大时，因为好动，容易出现吃饭不专心的现象。只要旁边有吸引他/她注意的东西，就会忘了吃饭，因此宝宝吃饭时最好营造吃饭的气氛，且排除会令他/她分心的物品。

可准备宝宝专用的餐桌椅，只要还没吃完饭，就不要让他离开，才能养成专心吃饭的好习惯，这个习惯应该自开始吃辅食后，就开始培养。

如果宝宝真不愿意专心吃饭，不妨稍后再喂食；等他/她真正饿了，再要求他/她乖乖坐着吃饭，也能逐渐养成他/她对吃饭的兴趣和专注度。

宝宝的用餐时间大概多久？

一般来说，宝宝的用餐时间通常控制在30分钟左右即可，但也不是过了30分钟后，就必须机械式地将所有东西都收拾妥当。如果宝宝还想吃，当然应该继续喂食，但若出现分心、爱玩的情形，就应该早早结束用餐。

有些长辈会在宝宝开始玩的时候，就追在后面把食物送到孩子嘴里，这种方法会让孩子长大后，更不会乖乖地坐在椅子上进食。

宝宝喜欢吃辅食，可以早点改成1天3餐吗？

有些宝宝在开始喂食辅食后，就爱上了辅食，喝奶量骤减，这时就不用强迫他/她一定要喝足1天的奶量。**若宝宝不爱喝奶，又刚好喜欢吃辅食，就不妨让他/她每天吃三餐**，与其凡事都依计划行事，不如配合孩子的成长步调，随机应变。

如何得知宝宝的营养是否足够？

想知道宝宝是否营养足够，除了可以对照同年龄、同性别的儿童成长曲线，也可以试试下列方法，观察宝宝的体格发育情况：

● 宝宝每天是否精神奕奕、不哭闹、睡得好等。

● 宝宝的脸色是否红润、头发是否密黑有光泽、皮肤是否细致不粗糙等。

● 摸摸宝宝身上的肌肉是否结实不松软。

餐与餐之间，需要喂宝宝吃点心吗？

开始喂辅食后，基本上是不需要额外添加点心的。 不过，有时会因为到了后期，1天3餐可能仍未达到营养的基本量，此时，不妨给他/她一些小点心填补不足。

父母可以在2餐之间（如早上10点和下午3点）喂个小点心，但选择食物的重点，应该放在其他餐无法提供的营养上，尤其是蔬菜、水果等，量也不需要多，以免影响正餐的用餐量。水果或果泥是不错的选择，要特别注意的是，别让点心的用餐时间拖得太长，以免点心时间影响到正餐，反而让宝宝吃不下正餐。

宝宝出现哪些异常现象要小心？

只要观察到宝宝有任何异于平常的现象，都应该立即求助小儿专科医师诊治，好让宝宝尽早恢复健康。

父母应该随时观察宝宝的健康状况，一旦出现警示就要特别小心！可观察的健康警示包括：发热、体温不稳定（反复发热）、反复性呕吐、胆汁性呕吐、肤色苍白或嘴唇发紫、目光呆滞或眼睛上吊、活动力持续不佳、囟门异常凸起或凹陷、呼吸急促且有胸凹的现象、烦躁不安、哭闹不停、抽筋等。

吃药后不能喝葡萄柚汁吗？

许多医师都建议，宝宝服用药物后，不可同时喝葡萄柚汁。这是因为**葡萄柚汁中的特殊成分，会影响肝脏中一些酶的活性，导致某些药物的代谢受到影响**，这些药物包括蠕动促进剂、钙拮抗剂及环孢素等。

如何预防宝宝噎到？

● 宝宝吃东西的时候，身旁随时要有大人照顾，不要让他边吃边玩。

● 不要让宝宝拿到能刚好吞咽的小东西，例如扣子、别针、钱币、珠宝耳环等。

● 不要让太小的宝宝吃过大、过硬的食物，例如花生、核果、糖果、玉米粒等。

微波炉加热辅食，会破坏食物中的营养成分吗？

事实上，**利用微波炉加热辅食，并不会破坏食物中的营养成分**，因为微波炉是利用微波穿透食物，让水分子产生震动，通过摩擦而产生热能。这也是用微波炉加热食物时，最好要搅拌的原因，因为**微波会直接照射到食物又反弹到炉中，因此容易出现受热不均的现象。**

此外，要特别注意的是，使用微波炉加热食物，务必选择正确的器皿来加热；且不要将盖子盖上，也不要过分加热。在给宝宝吃之前，应该先试一下温度。

自制冷冻辅食，营养成分会流失吗？

由于宝宝刚开始吃辅食时，分量都非常少，有时1次制作1周的分量较方便，但也有许多妈妈担心自制的冷冻辅食，会让营养成分消失殆尽，真的是这样吗？

其实，**只要食物保存得当，就可以保有食物的鲜度和营养，重点在于"要将每种单项食物分开制作保存"**，建议妈妈可以用制冰盒将辅食做成一小格一小格的冰块后，取出移入密闭的保鲜盒中冰存起来。每天只要拿一小块出来加热解冻，就可以不用担心营养成分会因冷冻而流失，也很方便取用。现在有卖小盒装的食物保存盒，更利于辅食的分装。

10~12个月辅食

主食类

10~12个月的宝宝已经不喜欢吃泥状食物，该给他/她吃什么呢？

这个阶段的宝宝很适合吃泥状但带点半固体的食物，有不一样的口感，但又易于吞咽和咀嚼。

宝宝长牙了，可以吃面条吗？

10~12个月的宝宝，应该上、下4颗牙齿都陆续长出来了，因此已经能用牙齿嚼碎食物了，对于面条类的食物，尽管能慢慢咬断，但仍需煮软。食物已经不用像之前都要压成泥或糊状，现在可以有一点形状，但仍要以用前面的牙齿、舌头和牙床就可压烂的食物为主。

自制抹酱，为什么选择南瓜？

南瓜做成抹酱，简单又营养；南瓜富含许多对眼睛有益的营养成分，如α-胡萝卜素、β-胡萝卜素、玉米黄素、叶黄素、维生素A；南瓜皮又富含膳食纤维，若有食物搅拌机，可以连皮一起打碎食用更好。

南瓜吐司

材料
吐司1/2片，带皮南瓜30克。

做法
将南瓜洗净蒸熟，去皮后压成泥，抹在吐司上即可。

生山药的营养价值高，宝宝可生吃吗?

山药在营养学的六大分类上，属于主食类，所含碳水化合物为热量来源之一，是很健康的食材。山药味淡，可和不同的食物做搭配。虽然山药可以生吃，但是对于宝宝而言，肠胃功能发育不完全，仍要煮熟后再食用。

为什么宝宝需要植物性蛋白质?

植物性蛋白质来源有黄豆、扁豆、四棱豆、毛豆、花豆、豌豆等。和动物蛋白相比，这些豆类食物含有较多膳食纤维，有助肠道健康，并含有异黄酮类、植醇等植物营养成分，提供人体所需营养物质，增加宝宝多元性食物来源。

素食宝宝要如何摄取完整的蛋白质?

素食宝宝要豆类加禾谷类一起吃，才能摄取完整的蛋白质。因豆类往往缺乏甲硫氨酸和色氨酸两种氨基酸，谷类缺乏离氨酸，两种食材一起煮，会互补彼此不足的部分，令身体摄取到完整的蛋白质。

山药麦片糊

材料

山药110克，麦片3匙（或麦粉4匙）。

做法

❶山药去皮洗净，切小丁，蒸熟至软。

❷麦片泡开，将熟软的山药加入麦片，压成半泥糊状。

> **提示**
> 山药含有丰富的淀粉酶、多酚氧化酶等物质，有健脾益胃、补肾的功效，通常用于治疗脾胃虚弱、腹泻等症状。

豆豆粥

材料

四棱豆30克（也可以添加不同种类的豆类一起煮），大米30克。

做法

大米、四棱豆洗净，四棱豆切小段，加适量水，用电锅蒸熟或煮熟。

> **提示**　四棱豆中含有维生素E、胡萝卜素、钙、铁、磷、硒、钾等多种矿物质，具有补血、补钙、补充营养和保健的功效。四棱豆含有多种氨基酸，能促进机体蛋白质的合成，有促进生长的作用。

红豆稀饭

材料

红豆15克，大米30克。

做法

大米和红豆洗净，加适量水，用电锅蒸熟或煮熟。

> **提示**　现在很多电饭锅都有预约计时的功能，可以在前一天晚上将红豆和大米一起放入锅中，定好时间，早上起来就能吃到煮好的粥了。

宝宝吃糙米会不会太硬?

宝宝吃的糙米可以用水泡久一点再煮，煮成粥食用，能增加对B族维生素和膳食纤维的摄取。

糙米的膳食纤维比大米多?

膳食纤维的含量以糙米居冠，其次是胚芽米，最后是大米，但以口感接受度来说，依次是大米、胚芽米、糙米。

宝宝排斥苦瓜，要如何增加接受度?

味觉较敏感的宝宝，若排斥苦瓜的苦味，可以添加不同的食材掩盖苦味，如甜甜的南瓜、红薯、胡萝卜等。

豆腐糙米粥

材料

嫩豆腐1/5块，糙米30克，菜豆1小根，高汤适量。

做法

❶ 嫩豆腐用热水冲过，切小块；菜豆洗净，切段；糙米洗净，泡水1小时。

❷ 取一汤锅，放高汤、嫩豆腐块、菜豆段、糙米一起熬煮成粥。

> **提示**
> 豆腐可选嫩豆腐或传统豆腐，但是不建议用蛋豆腐，等1岁以后能吃全蛋时再尝试。

鲜干贝鸡肉粥

材料

胚芽米40克，小干贝1粒，鸡肉馅30克（鸡里脊肉较嫩），米酒适量。

做法

❶ 小干贝洗净，先蘸一点米酒，泡水约1小时，入电锅蒸约30分钟。

❷ 小干贝剥成丝；胚芽米洗净。将胚芽米、小干贝丝、鸡肉馅加适量水均匀混合。

❸ 放入电锅中，外锅加1杯水，蒸煮至熟即可。

提示

鲜干贝已提供天然的鲜味，可以不需再加额外的调味料。

苦瓜南瓜粥

材料

苦瓜65克，南瓜100克，大米30克。

做法

❶ 苦瓜洗净，切小块；南瓜去皮洗净，切小块；大米洗净。

❷ 取汤锅，加入苦瓜块、南瓜块、大米、适量水一起炖煮至软烂。

提示

苦瓜去苦小技巧：①苦瓜先用开水煮过，能够减轻苦味；②用小刀刮掉苦瓜里的白膜；③将切好的苦瓜放在冰水里浸泡。

玉米太硬，宝宝可先改吃玉米酱吗？

宝宝咀嚼功能发展尚未完善时，可买罐装玉米酱取代玉米粒，或是将新鲜玉米粒磨碎。1岁后可以尝试吃一小段玉米条，训练宝宝的动手和咀嚼能力。

胡萝卜为什么建议要加油烹煮？

胡萝卜富含类胡萝卜素，如α-胡萝卜素、β-胡萝卜素、叶黄素、β-隐黄素、茄红素，是很好的抗氧化营养成分。由于这些营养成分是脂溶性的，需和油脂一起烹煮，才能将营养成分带出来。

感冒时的宝宝，可以吃什么有营养的食物？

猪肝、菠菜是营养丰富的食物，适合宝宝生病时食用，因为猪肝富含维生素A，菠菜富含β-胡萝卜素，亦能转换为维生素A。维生素A和上皮细胞的形成有密切关系，上皮细胞的功能就是阻挡病原菌侵入，可保护身体，很适合容易感冒和感冒长久不愈的宝宝食用。同时，猪肝含有优质蛋白质，可提升人体的免疫力。

鸡蓉玉米粥

材料

大米30克，玉米酱15克，土豆40克，鸡肉馅15克，盐少许。

做法

❶ 土豆去皮洗净，切小丁；大米洗净。

❷ 将大米、土豆丁、适量水放入锅中，一起炖煮至熟烂。

❸ 再加入鸡肉馅煮至熟透，最后加入玉米酱、盐搅拌均匀。

> **提示**
> 玉米若是发霉就不可以吃，因为发霉的玉米中含有致癌的黄曲霉素。

胡萝卜稀饭

材料

胡萝卜15克，大米30克，猪肉馅30克，橄榄油2毫升。

做法

❶ 胡萝卜去皮洗净，切小丁；大米洗净。

❷ 胡萝卜丁和橄榄油一起拌炒，再加入猪肉馅一起炒至半熟。

❸ 取一电锅，放入步骤❷食材和大米、适量水一起炖熟即可。

提示

胡萝卜含有丰富的胡萝卜素，进入人体后，可转变成维生素A，能保护眼睛和皮肤的健康。

翡翠猪肝粥

材料

菠菜40克，大米40克，猪肝30克。

做法

❶ 将菠菜洗净，放入开水中氽烫，捞起；猪肝洗净，煮熟，捞起。

❷ 将菠菜放入果汁机中打成泥；猪肝压成糊状。

❸ 大米煮成粥后，加入菠菜泥，最后放入猪肝泥拌匀。

提示

猪肝富含维生素A，菠菜富含的β-胡萝卜素也能转换成维生素A，维生素A可促进上皮组织的形成，而上皮组织可阻挡病原菌的侵入，可增强宝宝免疫力。

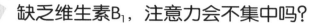

缺乏维生素B$_1$，注意力会不集中吗？

缺乏维生素B$_1$，会有注意力不集中和记忆不佳的状况。糙米和猪肉都含有丰富的维生素B$_1$，吃猪肉南瓜糙米粥，可以补充维生素B$_1$。

猪肉南瓜糙米粥

材料

猪肉馅30克，糙米40克，南瓜50克，紫米适量。

做法

❶ 南瓜削皮洗净，切成小丁；糙米、紫米洗净。

❷ 所有食材混合，加适量水一起炖煮成粥。

洋葱猪肉汤饭

材料

洋葱40克，米饭半碗，梅花肉片2片，胡萝卜10克，油少许，日式酱油少许，高汤少许。

做法

❶ 洋葱去皮洗净，切丝再切小段；梅花肉片切小片；胡萝卜去皮洗净，切细丝。

❷ 热锅加少许油，爆香洋葱段、胡萝卜丝、肉片。

❸ 加入米饭，倒入高汤，焖熟，起锅前加日式酱油调味。

猪肉薯泥饼

材料

猪肉馅35克，土豆90克，胡萝卜10克，油少许。

做法

❶ 土豆削皮洗净，蒸熟，压成泥状；胡萝卜削皮洗净，切小丁，蒸熟。

❷ 土豆泥、猪肉馅、胡萝卜丁搅拌至呈黏稠状，做成饼状。

❸ 起油锅，放入薯饼，煎至表面金黄，再翻面煎金黄即可。

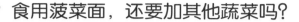

食用菠菜面，还要加其他蔬菜吗？

菠菜面中虽然有菠菜，但不代表营养种类多样化，所以烹调时还是要加点其他蔬菜，营养才均衡。

鲜蚵菠菜面

材料

菠菜面条10根，牡蛎3个，圆白菜2片（30克）。

做法

❶锅中加水煮开，放入洗净的牡蛎煮熟备用；圆白菜洗净切丝。

❷取锅加水烧开后，加入圆白菜丝，再加入菠菜面条和牡蛎，水开即可食用。

香菇芦笋面

材料

香菇1朵，芦笋1根，胡萝卜1小块，干面条10根。

做法

❶ 香菇、芦笋洗净切丁；胡萝卜去皮洗净，切丁。

❷ 取一汤锅，放入步骤❶食材及干面条，加水煮熟。

提示
芦笋富含多种氨基酸、蛋白质和维生素，且富含微量元素，具有调节机体代谢、提高免疫力的功效。

 **配菜**

为什么上海青用油炒比水煮好?

上海青富含β-胡萝卜素,能转换成维生素A,维生素A为脂溶性,要以油烹调才能带出其营养成分。维生素A能抑制皮肤角质化,改善干燥肤质。

哪种汤是大多数宝宝爱喝的?

罗宋汤营养价值高,不需要添加调味料味道就很浓郁,大多数宝宝很喜欢这个味道。

宝宝可以吃肉块吗?

比较会咀嚼的宝宝,可以吃炖得很烂的小肉块,烂的程度以宝宝可以用舌头和牙床磨开为主。因为有些宝宝不喜欢吃质地太软的东西,喜欢有点咀嚼感的食物。

青江牛肉

材料

上海青1小把,牛肉35克,橄榄油2毫升。

做法

❶上海青洗净,切小段;牛肉洗净切丝,再切小段。

❷起油锅,放入牛肉块,炒至半熟,再放上海青段,炒熟即可。

罗宋汤

材料

牛肉馅40克,西红柿100克,土豆30克,洋葱40克,胡萝卜20克,圆白菜2片。

做法

❶土豆去皮洗净,切小一点的滚刀块;洋葱去皮洗净,切块;圆白菜洗净,切丝;西红柿洗净,切小块。

❷取汤锅加水煮开,放入所有食材,再转中小火熬煮至味道浓郁即可。

为什么豆腐适合宝宝吃?

豆腐和肉都含优质蛋白质,包括人体所需的氨基酸;豆腐不含胆固醇,并含有膳食纤维,是很好的蛋白质来源。

豆腐镶肉

材料

传统豆腐200克,肉馅10克,酱油少许,淀粉少许。

做法

❶ 肉馅至少要绞3次,再以酱油腌一下。

❷ 取汤匙,从豆腐中间挖一小块,挖出的豆腐放入绞肉里搅拌均匀。

❸ 挖一小匙绞肉,并蘸一点淀粉,填回豆腐凹槽,用电锅蒸熟即可。

提示
绞肉和豆腐拌匀后,可放进大碗中反复摔打至有黏性,吃起来才会更有弹性。

西红柿凉拌豆腐

材料

西红柿50克,嫩豆腐100克。

做法

❶ 嫩豆腐用热开水冲洗。

❷ 西红柿洗净,用热水烫过再切小丁。

❸ 当宝宝要吃的时候,再将西红柿丁和嫩豆腐搅拌成泥喂食。

提示
豆腐的大豆蛋白最符合人体的需要,搭配西红柿,营养更丰富,尤其适用于补钙,有益于宝宝大脑的健康发育。

何时开始可以给宝宝添加调味料？

当宝宝的辅食量在1天中占进食量的2/3，或是奶量减少，辅食逐步增加时，就可以添加少许盐、酱油调味。因为本来宝宝所需的钠来自喝的奶，但当奶量变少，钠量不够，则需在饮食中添加一点钠。

鸡肉所含的维生素B_6，较其他肉类多？

鸡肉所含的维生素B_6，相对于其他肉类来说是较高的。维生素B_6可促进蛋白质和脂质的代谢，并能保护皮肤；若缺乏易患有脂溢性皮炎和口角炎，可吃点鸡肉补充维生素B_6。

鸡汤有什么营养价值？

鸡汤含有许多氨基酸，氨基酸是蛋白质分解后的小分子产物。目前研究发现，不同的氨基酸有不同的生理作用，和成长荷尔蒙、免疫等有关，但因为鸡皮煮出来的饱和性油脂过多，建议这个年龄的宝宝，沥油后再食用，避免太油腻而难以消化。

鸡肉丸

材料

鸡肉馅40克，胡萝卜8克，山药100克，盐少许。

做法

❶山药、胡萝卜去皮洗净后，切小丁，入锅蒸熟。

❷蒸熟后，将山药丁、胡萝卜丁压成泥，加盐、鸡肉馅搅拌均匀，捏成球状，蒸熟即可。

> **提示**
>
> 鸡肉含有丰富的蛋白质、脂肪、碳水化合物、钙、磷、铁、钾及维生素A、B族维生素、维生素C等多种营养成分，对宝宝的生长发育大有益处。此道菜肴中的山药，也可以用土豆代替。

哪种蔬菜是宝宝比较喜欢吃的？

一般而言，大白菜和圆白菜具有甜味，很多宝宝都爱吃。对不爱吃蔬菜的宝宝，可增加这两款蔬菜的食用频率。

使用干贝可减少盐用量？

干贝具有天然的鲜味，可以减少盐的用量，让宝宝从小养成清淡的饮食习惯。

烩白菜

材料

大白菜2片，金针菇20克，干贝1粒，橄榄油少许。

做法

❶干贝洗净泡水，放入电锅蒸软，剥成丝；大白菜洗净，切条；金针菇洗净切段。

❷取油锅，炒熟金针菇段、大白菜条，最后加水和干贝丝，焖煮至烂。

使用味噌要再放盐吗?

味噌（也叫日式大豆酱）容易消化，但含盐量较高，因此烹调时用了味噌不需再放盐。

哪些鱼含有脑黄金（DHA）?

深海鱼和淡水鱼都含有脑黄金，但深海鱼含量较高，如秋刀鱼、沙丁鱼、金枪鱼、鲣鱼、三文鱼、旗鱼、鲭鱼、鳗鱼等。因人体无法自行合成DHA，所以需要从食物中获得；若摄取不足，可能会造成学习能力低下、神经传导不正常、生长发育迟缓等。

鱼是很好的脑黄金来源，应让宝宝餐餐吃鱼?

现今重金属污染严重，不建议餐餐吃深海鱼，仍以均衡饮食为原则，以豆、鱼、肉、蛋等轮流作为优质蛋白质的摄取来源，并获得不同的营养。

❶ 不吃鲨鱼、箭鱼、方头鱼，因含有较高的汞。

❷ 选择含汞量较少的海鲜，如虾、贝、三文鱼、绿鳕、鲶鱼。

味噌鱼

材料

旗鱼块40克，味噌少许。

做法

❶ 旗鱼块洗净，均匀地抹上味噌，略腌渍。

❷ 热锅烧水，放上蒸笼，然后将旗鱼块放入蒸笼，蒸熟即可。

> **提示**
> 旗鱼刺少，富含人体必需的优质蛋白质和健脑益智的EPA、DHA，还含有丰富的钙、铁、镁及维生素D，肉质鲜美，可促进宝宝的生长发育。味噌自带鲜味，更容易激发宝宝的食欲。

烤鳗鱼

材料

鳗鱼块40克。

做法

将洗净的鳗鱼块放入烤箱，以150℃烤10分钟即可。

> **提示**　在烹调鳗鱼前，要先将其表面的厚鱼皮去掉。去鳗鱼皮的方法：①将鳗鱼段放在沸水中汆烫1～2分钟，软化鱼皮后剥除；②稍微烤一下，待鱼皮起泡后即可撕下。鳗鱼细刺多，喂给宝宝前要小心剔除。

清蒸鳕鱼

材料

鳕鱼40克，姜1小块，盐少许。

做法

❶ 鳕鱼洗净，沾少许盐抹在鳕鱼表面；姜洗净，切丝。

❷ 把姜丝放在鳕鱼上，放入电锅中蒸熟即可。

> **提示**　一餐中若其他食物已有调味，就没有必要在鳕鱼上抹盐，避免增加钠的摄取量。

菇类属于蔬菜类，能提供膳食纤维？

蔬菜的种类很多，凡含有膳食纤维、热量低的可食性植物，都可以说是蔬菜；除了绿叶蔬菜，各式菇类也属蔬菜类，是宝宝很好的膳食纤维补充来源。在菇类中，蘑菇适合10～12个月的宝宝进食，等宝宝牙齿长齐，就可以尝试食用其他菇类。

宝宝不爱吃饭，还有什么方法可增加主食摄取量？

主食类的食物，是宝宝主要热量的供应来源，在食材的变化上有许多种，莲藕亦属于主食类的食物，和肉馅一起食用，便于宝宝吞咽。此外，莲藕含有维生素C，猪肉含有维生素B_1，都是宝宝需要的营养成分。

洋菇炖肉

材料

洋菇3朵，腰内肉30克，日式酱油少许。

做法

❶ 洋菇洗净，切薄片；腰内肉洗净，作成肉馅。

❷ 在步骤❶中加一点日式酱油，一起炖煮至熟软即可。

提示

洋菇含有维生素C、B族维生素和难得的锗元素，可调节生理机能，增强体力，还能帮助身体吸收钙质。猪肉含有丰富的动物性蛋白质、有机铁和促进铁吸收的半胱氨酸，能帮助宝宝补充铁质，预防缺铁性贫血。

莲藕蒸肉

材料

莲藕1小节，猪肉馅30克，姜末、酱油、盐少许。

做法

❶ 莲藕洗净，去外皮，磨成泥状，以纱布轻拧挤出水分。

❷ 将莲藕泥、猪肉馅、姜末、酱油、盐搅拌均匀。

❸ 放入电锅蒸熟即可。

 提示

莲藕味甘，富含淀粉及钙、磷、铁等矿物质，且易于消化，适宜宝宝食用。

黄瓜镶肉

材料

黄瓜1小块，猪肉馅30克，姜末、葱末、盐少许。

做法

❶ 黄瓜洗净，削去外皮，切小段，挖去中间的瓤和籽。

❷ 将猪肉馅、姜末、葱末和盐搅拌均匀，备用。

❸ 以汤匙挖出适量肉泥，塞进黄瓜中间，放到电锅里蒸熟即可。

 提示

黄瓜也可以用苦瓜、白萝卜代替。

点心

宝宝什么时候可以开始喝综合果汁?

当宝宝尝试过不同水果且没有过敏后,就可以喝综合果汁。但要注意的是,果汁只是点心,分量不要太多,也不能当水喝,避免宝宝摄取过多糖分和热量,影响正餐食量。

10~12个月的宝宝,最好以五谷根茎类为点心?

给宝宝提供的点心可以是绿豆、红薯、南瓜、薏米、吐司、馒头等,此时的配方奶或母乳还可以提供一定量的蛋白质,因此增加热量的需求,可以五谷根茎类的食材为主。

绿豆和薏米在营养学分类上属主食类?

两者都属于主食类,为复合型的碳水化合物,可提供热量、膳食纤维和B族维生素。

什锦果汁

材料

番石榴40克,苹果50克,菠萝30克,香蕉20克。

做法

将所有材料洗净,香蕉、苹果、菠萝去皮,所有食材切小块,以果汁机搅打成果汁即可。

> **提示**
>
> 番石榴糖分低、热量低、脂肪少,且蛋白质、维生素及矿物质含量丰富,适合宝宝食用;菠萝几乎含有人体所需的维生素,对儿童生长发育有益;苹果和香蕉含有丰富的膳食纤维,可促进宝宝的胃肠蠕动,预防便秘。

红薯奶

材料

红薯100克，母乳或配方奶80毫升。

做法

红薯去皮洗净，切小丁，以电锅蒸熟，再加入母乳或配方奶中。

提示

红薯奶含有丰富的蛋白质、淀粉、果胶、氨基酸、维生素以及多种矿物质成分。另外含有的大量膳食纤维，能刺激肠道增强蠕动，起到通便排毒的功效。

绿豆薏米汤

材料

绿豆、薏米各30克，糖5克，水300毫升。

做法

绿豆和薏米泡水2小时，加水、糖煮烂即可食用。

提示

绿豆和薏米都是比较硬的食材，通常需要泡一段时间再煮。

八宝粥虽然营养丰富，但一次食用的量不要太多？

八宝粥富含膳食纤维和B族维生素，但一次的食用量不建议太多，因糯米较不易消化；可将糯米替换成大米或糙米，当正餐主食食用。

宝宝的点心怎么组合、搭配最好？

最好的点心组合是以复合性的碳水化合物加上蔬菜、水果，可提供热量、膳食纤维、B族维生素、维生素C、植物营养成分等。

八宝粥

材料

大米20克，红豆5克，绿豆5克，去芯干莲子5克，薏米5克，红枣2颗，黑枣2颗，桂圆肉1克。

做法

❶ 红豆、莲子泡水3小时；绿豆洗净，泡水2小时；大米和薏米洗净，泡水1小时。

❷ 红枣、黑枣洗净，泡沸水。

❸ 取锅放入所有材料，加水淹过材料，以小火焖煮至熟。

红糖藕粉

材料

红糖5克，藕粉25克。

做法

以滚烫热水冲泡藕粉，再加红糖调匀即可。

> **提示**　藕粉冲泡方便，属于主食类，能提供一定的热量。藕粉含有植物蛋白质、维生素、淀粉、铁、钙等多种营养成分，具有补益气血、健脾开胃等功效。冲泡藕粉的水温可在90℃左右，除即冲即食型藕粉外，一般需用温开水预调，冲入开水后，搅拌至半透明状即可食用。

烤香蕉

材料

香蕉2根，白糖、奶油、肉桂粉各少许。

做法

❶ 香蕉剥皮，取肉备用。

❷ 取烤盘，铺上铝箔纸，抹少许奶油，放上香蕉，撒白糖和肉桂粉，将烤箱温度调到180℃，烤10分钟。

> **提示**　香蕉可以变化成多种不同的菜肴，等到宝宝大一点，对于油脂的接受度较高时，还可以用油炸的方式。香蕉冰冻，再用果汁机搅打，就可以做成冰沙。

第三章

【1~3岁】

宝宝和大人共食

1岁的宝宝还要喝奶吗?

宝宝需要多少牛奶?

对宝宝的第一年来说，母乳或配方奶是主要的营养来源，多摄取奶类确实能让宝宝得到充足的生长发育。但2岁以后，生长发育逐渐变得较为缓慢，对奶量的需求也会逐渐下降（因多摄取了成人食物）。不过，奶类中的钙质和其他维生素，仍是宝宝骨骼、组织、牙齿发育的重要来源之一。

一般来说，**当宝宝满2岁后，1天喝250～500毫升的牛奶就已经足够。**有些宝宝会逐渐厌恶喝奶，父母可以考虑使用其他乳制品来替换，例如乳酪和酸奶等。

宝宝喝冲泡奶粉会比市售鲜奶好吗?

奶粉是由鲜奶经过高科技的喷雾干燥法制造而成，其营养成分和鲜奶相比不会差距太大。奶粉需要用温水冲泡，和体温相近，但鲜奶则须冷藏在低温下才能保鲜，和体温差距较大；若在冷藏状态立即饮用，对宝宝的消化系统是一种负担。

所以周岁以下的宝宝应以母乳或配方奶为主；**1.5岁以上的宝宝则可适量饮用鲜奶。**而从冰箱取出鲜奶饮用前，建议先放置10～15分钟，等稍微回温后再饮用；同时必须注意保存期限，最好是挑近期生产者。

宝宝可以喝保久乳吗?

市面上的牛奶除了奶粉、鲜奶,还有一种保久乳,也就是可以不必冷藏的牛奶,这类食品的营养成分高吗? 是否适合孩子饮用?

放在室温下能储存较久的保久乳,之所以保久,并非添加防腐剂,而是经过高温短时间的完全灭菌法,风味跟鲜奶完全不同,营养成分和鲜奶大约一致,又可长时间保存。一般而言,1.5岁以上的宝宝可以饮用。不过,开封后仍建议要尽快食用完毕,否则也容易滋生细菌。

此外,**选择保久乳必须观察包装的完整性,检查是否有破损、膨胀或接近保存期限;若超出保存期限者,则容易出现蛋白质变质的可能**。因此,如果发现味道不对、有变酸或变苦的现象时,就应该丢弃。

宝宝不喝奶,可以直接吃钙片吗?

不建议如此! 父母仍应循循善诱地教导宝宝多喝配方奶或牛奶,**对宝宝来说,牛奶才是钙质的最佳来源**。若一定要使用钙片,则必须依照医师指示服用,千万不要超量,尤其不可服用来路不明、标识不清,或未经检验合格的钙片。

此外,除了牛奶,也有许多食物含钙,例如酸奶、绿叶蔬菜、小鱼干、豆腐等,只要营养均衡,就应该都比单吃钙片更加有效且安全。

宝宝对牛奶过敏,有什么替代品吗?

请按医师指示,给宝宝喝水解蛋白奶粉或部分水解蛋白奶粉,或按医师指示给予已证实安全有效之药品或益生菌。年龄稍大一些的小孩或许可以用豆浆、燕麦奶、亚麻仁粉、五谷粉等食物来代替每天所需的牛奶以提供钙质来源。

如何帮宝宝戒奶瓶?

有些宝宝即使上了幼儿园,每次喝牛奶时,仍需要用奶瓶喂食,令父母很困扰,到底该如何帮宝宝戒奶瓶?

想帮宝宝戒奶瓶,务必掌握几个重点:其一,在孩子出现可自己用手拿奶瓶且拿得很稳时,就试着用水杯装牛奶或饮料,让他/她自己拿着喝,刚开始即使只喝一小口都无所谓,只要常常练习,就会越来越熟练,并**让他/她习惯使用杯子喝水和饮料等**;其二,**建议在2岁以前完成奶瓶的戒断**,否则,当孩子2岁以后,个性逐渐稳定,已经不适合用强迫的方式,如果这时才开始训练,可能就要耗费更大的心力了。

宝宝已经1岁了,却还只喝母乳怎么办?

可以持续喝母乳,但必须同时增加其他食物的摄取。**建议延长每次喂母乳的间隔时间,并加入成人食物。**

理论上来说,宝宝不会让自己饿肚子,且多数1岁以上的小孩,大多能接受各种口感的食物,味觉发育也较成熟,喜欢口味较重的食物(当然不建议给宝宝吃重口味的食物),因此对**1岁以上的宝宝可开始训练吃成人食物**。要尽量避免让宝宝吃零食、饮料或果汁之类的食物,以免影响吃正餐的食欲。

一开始可以尝试在每次进食前,先给宝宝固体食物,例如香蕉、苹果切片、吐司、面包等可以让宝宝抓着吃的食物。甚至让宝宝坐在餐桌前,跟大人一起进食,让其自己从盘子中拿食物吃,让吃东西变成一种愉快、好玩的事,也许就能让宝宝喜欢上母乳以外的食物了。

晚上喝牛奶容易尿床?

宝宝半夜尿床的原因很多,专家调查结果发现,**牛奶、巧克力、鸡蛋、谷物和柑橘类水果,会使膀胱充盈膨胀。如果夜晚吃过多这类食物,就可能会造成多尿现象**;且饱食后,会让孩子睡得沉,宝宝无法辨识来自膀胱的警示,而容易夜尿。

宝宝常见吃饭问题

该不该让宝宝自己吃饭?

1岁左右的孩子,肢体动作越来越纯熟,经常会跟父母抢汤匙要自己动手吃,这时通常还只是笨拙地胡乱抓握,没办法精准地拿着汤匙放进嘴里,因此经常搞得一团糟。这时,困扰的父母总是希望快快喂他吃完饭,好赶快结束这场"混战"!

不过,**自己拿汤匙吃饭,对宝宝来说,是一种新的学习,父母应该在他想学的黄金期(尤其是1.5~2岁)给予机会练习**。只要准备一张高度适中的椅子、穿上围兜、给予固定的餐具,就可以让宝宝知道这是吃饭的仪式,让他/她慢慢学习自己进食。

1~3岁的宝宝要独立进食?

通常这个阶段的宝宝已经开始学习独立进食了,因此父母应该选择适当的餐具,让他/她学习自己进食。

此外,制作食物时,要做成让宝宝方便拿取的形状,以减少学习的挫折感;再者,**应该先让宝宝自己吃饭,等到吃不完时再喂他/她,而非一开始就喂食**。

宝宝不喜欢自己动手吃,怎么办?

通常宝宝不愿意自己吃,等着大人喂,多是因为习惯的关系。因此制作食物要有耐心,选择可以让宝宝自己拿着吃的食物,父母不要在旁边催促,只要耐心地观察宝宝的反应即可。如果宝宝肚子饿,就会主动伸手拿取,多试几次,成功就给予鼓励,渐渐地,就能让宝宝自己动手吃东西了。

明明宝宝会用叉子和汤匙，为什么偏偏老是喜欢用手抓？

即使到了2岁，已经能轻易使用叉子和汤匙的阶段，有些孩子仍旧不愿意使用，主要因为用手直接拿着吃要方便多了。训练宝宝使用餐具，最困难的地方是要让他/她持续使用，这不是一两天就能顺利完成的事。

如果每次都是在宝宝很饥饿的时候，又要他/她使用餐具吃饭，当然会不耐烦。要训练宝宝使用叉子和汤匙，首先应该教他/她正确的使用方法，如果做得正确，就当场给予鼓励或赞美，让他/她有自信。此外，要选择宝宝好拿握的餐具，能让宝宝较快学会自己使用。

宝宝吃东西的速度很快，食欲又好，有问题吗？

宝宝食欲旺盛并非坏事，唯一担心的是吃下过多营养不均衡的食物，造成热量过剩。如果想要纠正宝宝的饮食习惯，让他/她学会细嚼慢咽，最好的方式就是将食物烹调成无法一口吞下的大小，只要没办法1次塞进嘴里，就会逼着他/她学习慢慢咀嚼及拿取食物。

为何宝宝老是把饭含在嘴里？

● **蛀牙：**如果以前宝宝吃饭的习惯都还不错，最近却老是含着饭不想嚼，父母可能要先关心是否有蛀牙；若有蛀牙，只要咬下去就会牙痛，当然也就不愿意咬了。

● **分心：**如果宝宝总是习惯边看电视边吃饭，或是边玩玩具边吃饭，很容易因为太过专注于其他事情，而把饭含在嘴里不吞下去。

● **吃饱了：**这是最常见的原因，这时不妨收起碗筷，不要再让宝宝继续吃。含着饭容易造成蛀牙，最好不要让宝宝养成这种习惯。

用餐时，为什么宝宝总是喜欢离开座位？

宝宝用餐时，不喜欢坐在椅子上吃，通常都是从小没有养成好习惯，或者父母总是在宝宝离开饭桌后，跟在后面追着喂食，而演变成的一种坏习惯。

最好的方式，是**在辅食阶段就养成每次吃饭时就要乖乖坐在椅子上，当宝宝不想吃时，就收拾桌子，让他下桌。**如果父母每次都在用餐时，寸步不离地在旁边伺候，宝宝除了有压力，也无法尽情享受吃饭的乐趣。因此，只要宝宝肚子饿，吃到一定的分量，若一阵子后离席到处走动，不妨收拾用过的餐具，不要再让宝宝继续吃了。

宝宝边看电视边吃饭，行吗？

有些父母为了让宝宝乖乖坐好吃饭，会开着电视边看边喂饭，这个习惯其实并不好。**除了每天看电视的时间太长，会使宝宝的神经系统和身体机能疲劳，影响身心健康，边看电视边吃饭，更容易因为咀嚼得不够充分，造成消化不良。**所以应该让宝宝专心吃完一餐，才是正确的喂食方法。

宝宝边吃边玩，怎么办？

宝宝不愿意坐好乖乖吃饭，对父母来说，的确是一种困扰，尤其每餐都要追着他/她跑，不只容易生气，还会因此破坏和谐的亲子关系。如果宝宝不想吃，干脆先将饭菜收起，等他/她累了或者时间长了，自然就会肚子饿。也不用担心他会因为少吃一餐而营养不良，没有孩子会愿意饿肚子的。

只是切记，**在等待下一顿饭期间，不要给予其他高热量且营养不均衡的食物，这样做是让宝宝知道——如果不吃正餐，是没有其他东西可以填饱肚子的！**

宝宝吃饭时间应该多久？

吃饭虽需细嚼慢咽，但也不宜拖得过久。一般来说，吃饭时间约30分钟就已足够。 有些宝宝因为不想吃饭，而使吃饭时间拖到1~2小时，也是常有的事。因此只要超过30分钟，就应把桌上收拾干净。

宝宝吃饭好慢，怎么办？

如果你为了宝宝吃饭慢而苦恼，或许应该先想想，让他吃快一点的用意是什么？只要宝宝不是含着饭不吃，或者一吃就是1~2小时，吃慢点又何妨？一般而言，**每一口的咀嚼次数应该超过20下，才能使食物的营养容易被吸收，且又可保护肠胃。** 如果只是因为没有耐心等待，而破坏宝宝吃饭的乐趣和兴趣，这样的催促又有什么帮助？

如果真的不希望宝宝吃饭太慢，或许下次装饭的分量就不要太多。饭量太多，不仅会让宝宝有"怎么总是吃不完"的感觉，还会让宝宝吃到最后就"边吃边玩"，因此对于宝宝吃饭慢吞吞，要有耐心，不要催促。但也要注意一定要让宝宝专心吃饭，不要边吃边玩。

宝宝对食物的喜恶很极端，会不会营养不均衡？

如果宝宝在小时候就对食物喜好有极端的反应，长大后就很难不出现偏食的状况，这是父母应该要特别留意的现象。这时，暂且不管宝宝爱不爱吃肉、爱不爱吃根茎类蔬菜等，只要搭配好食材，努力变换菜色，就能让宝宝吃得营养又均衡。

举例来说，如果不爱吃肉，那就喂宝宝吃鱼也无妨；不爱吃米饭，就给面食类。很多食物的营养成分，都是可以相互替代的。

为什么宝宝会没食欲？

宝宝会有不想吃的念头，通常都是因为从小对食物的兴趣就不高。很多时候，是因为在宝宝刚接触辅食时，食物处理不当所致，例如没有接触各式各样的食物，或者吃东西时的气氛不对，都会让宝宝排斥吃饭。

此外，运动量低的宝宝，比较不容易饿，因此吃得相对也少。当然，如果食物的烹调方式不佳，不合胃口；或者吃饭时间拖太长，造成饭菜都冷了，口感不佳，也会让宝宝的食欲变差。

若长期饮食状况不好，容易造成宝宝生长迟缓、抵抗力较弱，就容易生病。若是蛋白质、铁质摄取量不足，还会出现注意力不集中的现象，导致学习出现障碍，负面影响很多。

为什么宝宝会吃太多？

宝宝会吃太多，通常都是因为父母在他/她还小的时候，担心营养不足，而过度喂食，养成胃口变大、想吃就吃的习惯。尤其是有些父母认为，"有吃总比没吃好"，而忽略了宝宝也应该营养均衡；或者认为只有个子高体形胖的才有抵抗力，因此拼命喂食。

此外，也有部分父母是因为自己的饮食习惯不佳，例如常吃高油脂或高热量食物，导致宝宝跟着父母一起变胖。**避免宝宝超过体重标准，最好的方式是依照正确的饮食状况给予食物，且应该给予营养而有饱腹感的食物，**戒除零食、点心、炸鸡、薯条等含过多热量的食物。同时，也应该时常带宝宝去户外运动，多晒太阳多喝水，让他维持良好的新陈代谢。

宝宝吃饭需要定时定量吗？

其实每个人总有胃口好或不好的时候，因此不必期待宝宝每一餐都能吃完所有的食物。毕竟当宝宝累了，或是玩得太疯、太热时，经常会不想吃饭。

如果宝宝到了该吃正餐的时间没有食欲，不妨晚一点再让他吃，因为边谩骂、边生气、边逼宝宝吃，效果不佳。建议记录宝宝每天饮食的总分量，只要达到均衡的营养及分量即可。

宝宝只爱吃米饭，行吗？

如果宝宝只爱吃米饭，有的父母会绞尽脑汁把蔬菜偷偷煮成高汤，和米一起烹煮，让米饭也含有蔬菜的营养成分。不过，毕竟大米作为淀粉类食物，**只是饮食金字塔其中一项，在一天的饮食中，应当适量。**应利用各种方法让宝宝不偏食，才能摄取到各种营养成分。

此外，**利用菜汤煮饭，虽然可以变化口味，勉强能维持部分营养成分，但却丧失摄取蔬菜所具有的膳食纤维的机会，因此还需额外补充膳食纤维。**

宝宝讨厌吃肉怎么办?

宝宝讨厌某种食物，比如不喜欢吃肉，常常是因为不方便进食，例如切得块太大，或是太硬嚼不烂。

此时可以考虑改变食物的形态，做成比较容易下咽的菜色，例如馄饨、饺子等；或改做口味较香甜的食物，例如鸡肉丸，这样大多数的孩子比较能接受。

如果宝宝还是不愿意吃，就不必太强迫，但仍建议尝试。要记住补充蛋白质很重要，鱼、肉和豆腐都含有蛋白质，所以可以用豆类的植物蛋白取代动物性蛋白质。况且，宝宝这段时间不爱吃肉，并不表示以后都不喜欢，爸妈不必过于紧张。

宝宝喜欢喝糖水怎么办?

对大多数的宝宝来说，平淡无味的白开水，怎么能跟香甜可口的果汁、汽水、奶茶等饮料相提并论？不过这些市售含糖饮料，热量高、营养少，还添加许多有害健康的香料、色素或防腐剂等，对宝宝来说实在不营养且有碍健康。

想要培养孩子不喝含糖饮料的好习惯，就要让他/她从小习惯喝白开水。最好的方式是不提供、不鼓励喝含糖饮料；也要让孩子知道喝水的好处，同时自己以身作则，贯彻到底。或者也可以在家里自制健康的含糖饮品，例如现榨新鲜果汁、仙草、麦茶、西米露等，糖分则可自己控制。

宝宝可以喝奶茶吗?

奶茶里含有大量的糖分和脂肪，容易让人喝过量。以1杯500毫升的奶茶而言，其热量约为1255千焦，差不多是1碗饭的热量。若每天1杯，可以想象囤积在体内的热量一定过剩。

此外，市面上除了少数以牛奶为基底的奶茶，几乎都是以奶精为主要的调味剂。而奶精的"反式脂肪酸"成分高，更不利于宝宝身体健康；更不必说茶类的咖啡因及奶茶中的糖分，对孩子的健康也有十分不良的影响。

宝宝为什么不爱吃蔬菜?

很多蔬菜因为有"草"味，且膳食纤维含量高，不容易咀嚼，因此许多宝宝都不爱吃。但不论如何，都不要使用强迫的方式，逼宝宝吃下某种他/她不喜欢的食物，否则容易降低他/她对食物的兴趣。

宝宝对食物的偏好通常不会持续很久，有时只要一段时间之后变换菜色，他/她就会忘了以前曾经不爱吃的某样食物；而当他/她吃了某样以前不爱吃的食物时，也别忘了给予鼓励喔!

有刺激宝宝喜欢吃蔬菜的好方法吗?

从喂食一些比较容易入口、口味清淡且膳食纤维含量较低的蔬菜开始，如白萝卜、大黄瓜等，或者将烹煮的方式做些调整，做成美味的蔬菜汤、蔬菜饼等，增加食材的变化度。

此外，还可利用孩子的想象力，将蔬菜拟人化，让他/她知道如果不吃蔬菜，"蔬菜会很伤心"等。只要父母用心配合演出，通常宝宝就会愿意做尝试。

1~3岁的宝宝每天要吃多少水果?

根据有关专家建议,**1~3岁的宝宝,每天要摄取约2份水果**(1份水果大约是1个橙子、1个小苹果、1/2根香蕉、13颗葡萄),**大于3岁者应食用4份水果**。在饮食金字塔中,水果的摄取量可来自新鲜果汁(但非果汁饮料)。

可以用蔬果汁代替新鲜蔬果吗?

新鲜蔬果汁内的糖分、脂肪、微量元素等营养成分,都跟新鲜的水果、蔬菜相近;不过,**水果在鲜榨的过程中,损失了很多有益人体的膳食纤维**。要增加蔬果汁中膳食纤维的摄取,最好的方法是喝蔬果汁时把榨汁后剩余的残渣一起吃掉,这样就可以增加膳食纤维的摄取了!膳食纤维的好处是可以帮助肠道蠕动,有益消化及排便顺畅。

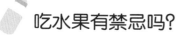

吃水果有禁忌吗？

水果被认为含有丰富的营养，不过食用时也要适量，年纪越小的宝宝，影响也就越大。此外，对宝宝来说，每天食用的种类也不要太过复杂。

正常来说，**宝宝可以吃任何一种水果，但是如果身体不适或属于特殊体质的宝宝，还是应该谨慎选择**。例如，有气喘、咳嗽等过敏体质的宝宝，最好少吃瓜果类，如西瓜、木瓜、香瓜等水果；而皮肤不好的宝宝，则要少吃杧果、木瓜、草莓等水果；有腹泻情况时，也要减少吃水果，否则腹泻症状不容易缓解。

水果可以完全取代蔬菜吗？

很多父母误以为小孩不爱吃蔬菜，可以用水果来代替。其实不然，水果并不能完全取代蔬菜，因为水果的矿物质成分不够高，且糖分过多；如果用水果代替蔬菜，会让一天的总热量增加许多。

虽然水果和蔬菜都是植物，但营养成分仍有不同，因此不能相互取代。如果单吃水果不吃蔬菜，有可能缺乏叶酸等营养成分；况且水果的糖分较高，吃过量容易导致肥胖。

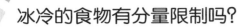

冰冷的食物有分量限制吗?

如果冰冷食物吃得过多,健康容易出现问题!例如冰激凌含有丰富的糖类,糖类则需要大量的B族维生素来帮助消化;当B族维生素摄取不足时,就会影响消化功能。

因此,**即使是成年人,也要控制冰品的摄取量才好。至于到底多少才是适量?**则需视每个人的体质而定,无确切的数据。不过仔细想想,几乎所有冰品都含有过高的糖分、人工色素等,对食欲又有影响。因此,还是应该好好管控才行。

宝宝可以吃冰品吗?

在炎炎夏日,清凉的冰品确实让人难以抗拒。不过,冰品是否会影响宝宝的健康是父母需要特别考虑的。尤其是冰品制作过程是否卫生,会直接影响宝宝的身体健康。例如有些市售冰块用未煮沸的水(如自来水或矿泉水)制作,杀菌不完全,可能含有许多细菌。

此外,**营养师建议,不要让1岁以下的宝宝食用冰品,理由是这个阶段的孩子,对冷热温度的调节能力不够,**因此不鼓励食用过冷或过热的食物。

另外,体质特殊,如有气喘、呼吸道过敏或者身体虚弱的宝宝,也建议避免食用。再则,若是宝宝在玩得太激烈后,也不要立刻给予冰品。因为在激烈运动后,血液集中在四肢、肌肉或皮下,以帮助散热;肠胃的血液则较少,若冰的食物猛然下肚,会让肠胃不适。

可以骗宝宝吃东西吗？

应尽量避免用"骗"的方式让宝宝把不喜欢的食物吃完，因为这样可能同时向宝宝传达了一个负面的信息。例如有些父母会跟小孩说："你把这些蔬菜吃完，我就给你吃糖果。"虽然可能很快就达到把蔬菜吃完的目的，但日后会让宝宝出现"原来妈妈也跟我一样，觉得糖果比蔬菜好吃"的错误认知。这样一来，以后如果没有其他的"诱饵"，宝宝可能就不会再主动吃蔬菜了。**正确的做法，应该是改变食物烹调方法、变化食物种类，来增进宝宝的食欲，让宝宝尝试去吃。**

宝宝也有厌食症吗？

有些宝宝在生病期间，可能因为肠胃不适或消化功能不好，而引起暂时性厌食。这种症状和成人由精神疾病引发的厌食完全不同。**小儿厌食症指的是宝宝持续2个月以上胃口不好，不想吃东西，如果强迫吃就会呕吐的情形，通常最容易发生在宝宝1岁以上。**

研究指出，出现小儿厌食症，除了小孩生病，在非疾病的因素中，可能也和情绪起伏有关系，例如莫名的压力等。当然，如果正餐之外，给了太多的零食、点心，或是吃了一些不适当的补品等，都有可能让宝宝不爱吃正餐。

总之，若宝宝长期食欲不佳，一定要先就医，检查是否患有疾病；若一切正常，则从调节饮食习惯、改善用餐气氛开始，相信能有所改善。

酸奶对宝宝的好处?

酸奶不仅可口,还蕴含优质蛋白质和丰富的钙质,能将益生菌带到肠道中,**特别适合对牛奶不易消化的孩子**。这是因为乳糖在发酵过程中,部分已经被分解,因此有乳糖不耐受症的孩子,也能食用。

酸奶跟牛奶一样,富含钙、维生素B_2和蛋白质,同时还包括维生素A、维生素B_1、维生素C、烟酸及铁等营养成分,确实颇适合孩子食用。

油炸食物怎么吃才健康?

油炸食物常含有过多油脂,只能适量摄取。**1~2岁的宝宝,若每天吃一次油炸食物就会超过一日油脂需求量**。由于油炸食物气味很香,家长常以此种食物当作奖励,这种做法应避免,以免造成宝宝对油炸食物(例如速食)的期待,容易变胖。如果想要变换菜色,**自己在家做油炸东西给宝宝吃,不妨选择蔬菜类食材**,例如香菇、冬菇、豆腐、菱角、蘑菇等。

用菜汁、勾芡汁拌饭很营养?

有些忙碌的父母,没有太多时间帮宝宝准备饭菜,有时会用菜肴内的汤汁或勾芡汁,拌饭给宝宝吃,以增加味道,而且宝宝吃得也快,其实这种做法并不妥当。**因为菜里的汤汁通常过咸且太油腻,容易摄取过多盐分、油及电解质,增加宝宝肾脏的负担。**

宝宝1岁后，就可以随意吃大人的食物了吗？

1岁以后的宝宝，已进入幼儿期，除了牙齿逐渐长出，也有了基本的咀嚼能力，只要大人的食物能多注意烹煮的方式，例如不加太多的调味料、避免过多的油炸食物等，注意食物不要过硬或不易咀嚼等，**多数的食物都可以让孩子尝试。**

由于幼儿期是在成长过程中，需多摄取六大营养成分的阶段，这时期的饮食习惯，也跟成年后的饮食习惯息息相关。因此一定要特别注意各种营养的摄取，才能奠定一生的健康基础。

宝宝噎到了怎么办？

遇到宝宝噎到的急救法为"哈姆立克法"，其方法为：站在宝宝的后方，用两手环抱着他/她，一手握拳，虎口放在宝宝的胸口凹处和肚脐中间；另一只手交迭其上，用力向内、向上、快速地挤压。重复这个步骤，直到噎住的东西吐出来为止。

1岁后的宝宝，要继续吃磨碎的食物吗？

如果错过练习吃辅食的黄金阶段，宝宝会较难适应新的吞咽方式及各种食物形态。**宝宝满1岁后，固体食物应该占营养来源的50%，这是因为宝宝的进食技巧已经进步许多**，且牙齿也长出不少，可以逐渐利用咀嚼来吞咽食物。

因此**过了1岁后，就应该让宝宝慢慢接触大人的饮食形态，而不要持续给予磨碎的食物。**

巧克力、可乐中也有咖啡因吗?

咖啡因是药物的成分之一,若长期超量使用则可能上瘾。有些人在突然停止摄取咖啡因后,可能就会出现类似停药的戒断症状,如头痛、腹部抽筋、兴奋易怒或情绪低落等。

但**可别以为咖啡因只有咖啡才有,事实上,可乐、巧克力、茶饮料等,都含有咖啡因。**举例来说,1罐360毫升的可乐和1小杯即溶咖啡,所含的咖啡因分量是差不多的,甚至有些可可亚(热巧克力)里,也含有不少的咖啡因。因此,应尽可能不让小孩喝咖啡,同时上述饮品也应适量。

能吃就是福吗?

现代人营养普遍过剩,就连宝宝也不例外,可别以为宝宝能吃就是福。如果年纪还小就有惊人体态,易有血糖、血脂过高的情形,日后罹患糖尿病、高血压等慢性病的概率,也可能比一般人高。

"小时候胖不是胖"绝对不是真的。有不少的父母认为,小孩养得白白胖胖就是健康,所以宁可让宝宝多吃,也不要少吃;有此观念的父母要注意了,如果让宝宝从小就把胃口养大,长大后确实不利于健康。

宝宝习惯用左手拿餐具,应该矫正吗?

这个年龄的宝宝尚未完全固定惯用哪一只手,如果他/她用左手拿餐具(例如汤匙、叉子)也别惊慌;若想训练宝宝惯用右手,只要不经意地让他换用右手拿,或者拿食物时,就试着刻意交到宝宝的右手即可。

如果试了几次之后,宝宝还是习惯用左手,不爱用右手,不必勉强他/她改过来。因为现在社会已经有许多针对左撇子专用的工具,不会像以前那么不方便了。

如何让宝宝戒吃垃圾食物?

如何帮宝宝戒掉吃垃圾食物的习惯?

- 不要在家里囤积垃圾食物。

- 主动提供营养的小点心，且要放在孩子可以拿得到的地方。

- 避免在快餐店前逗留。

- 利用少食多餐的方式进食，以免宝宝出现低血糖，对糖的需求增加。

- 提供自制点心，可控制含糖量，而不要提供汽水、奶茶类。

- 当电视出现快餐等广告时，马上转台不看。

宝宝在快餐店会吃到什么?

　　四处林立的快餐店一直是宝宝的最爱，到底在快餐店中，宝宝会吃到什么? 快餐店中的餐点，大多由大量的糖、淀粉、脂肪、盐、添加剂和热量所组成，虽然其中也含有蛋白质、维生素和矿物质，但含量相对较少。总体来说，以糖分及脂肪居多，所以多吃实在是弊大于利。

　　无论何种食物，热量和营养一定要有适当的比例才算是好的食物，如果热量太多、营养太少，就称为垃圾食物，不适合小朋友吃。

垃圾食物对宝宝的影响?

　　有研究指出，**宝宝若出现多动现象，可能和经常吃垃圾食物有关。**所谓的垃圾食物，大多添加许多不当的人工色素和香料，有可能引起大脑中的化学反应，而令宝宝有突然失控的行为。

　　食用含糖量高的食品，会让宝宝的血糖升高，但在1~2小时后又骤然下降。这种剧烈变化，可能影响大脑中控制情绪的激素分泌，进而出现过度活跃或暴力的行为。

宝宝需要吃点心吗?

三餐之外，还需要提供孩子点心吗?

宝宝活动量高，如果只吃三餐，很难满足所需的营养和热量。**"点心"主要是弥补三餐的不足，应该把"点心"视为分量较少的正餐。**

如果因为正餐吃得少，就可给点心吗?

宝宝1岁前，对饱腹感较不敏锐，常常遇到喜欢的食物一次吃很多，使得下一餐的食量变少，这是常有的事。很多父母看到宝宝这餐吃得少，就给点心，希望能填饱他/她的肚子，其实这样做更容易造成正餐吃不下的恶性循环!

如果不想让孩子出现上述情况，**建议正餐前2小时，尽可能不给宝宝吃点心或牛奶。这样到了吃正餐时才会有食欲，同时可在饭后吃一些有助消化的水果，帮助胃肠蠕动。**

吃健康点心有什么原则?

点心的热量和营养成分，要在每天营养的总摄取量中体现，这是吃健康点心的总原则，在此基础上要做到:

●提供点心的时间，要尽量避免太靠近下一餐的时间，且分量也不宜过多。

●一份点心最好含有至少三大类的食物，让孩子充分接触不同种类的营养成分。

●以清淡、少油、少盐、少糖为主。

●吃完点心后，记得要让孩子刷牙或漱口。

如何选择适合幼儿的点心?

既然是用于补足正餐的不足,选择点心的内容当然也要以营养为出发点,若能同时补足正餐没吃到的营养,那就更好了!建议依照每个孩子的不同情况,选择其平日较少摄取的食物。例如不爱吃肉的孩子,可选择蛋白质含量较多的餐点,来当作餐和餐之间的点心,而不要只是没有热量的点心。至于食材,要以新鲜、没有加工的食品为主。

零食跟点心一样吗?

一般常说的零食跟点心,其实有所分别。**所谓的"零食",是指含有高脂、高盐、高糖,而缺乏营养物质的食物,**大部分都只是解馋满足口欲罢了,不适合每天食用。

零食不能补充正餐之外的营养成分,多吃容易影响正餐的食欲;同时还会养成孩子重口味的习惯,甚至可能导致肥胖、营养不均衡或蛀牙等问题。

有没有健康的点心?

自制点心可以很健康、营养,例如爆米花,爆米花能增加饮食中的膳食纤维摄取量,只要少放一点油和盐即可。此外,**新鲜水果富含维生素和矿物质,可以切片淋上酸奶,搅拌一下,就是很健康的小点心。**

此外,**葡萄干和南瓜子等坚果,也是不错的选择;**但对小于2岁的宝宝,则要特别注意是否会造成吞咽上的危险。所以针对小于2岁的宝宝,建议先压碎核果才食用。此外,也可用苏打饼干加上乳酪,或抹些花生酱等,孩子也会喜欢。

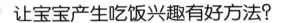

如何让宝宝喜欢吃饭?

让宝宝产生吃饭兴趣有好方法?

宝宝喜欢参与大人的工作,利用这点来增加他/她对食物的兴趣,是不错的方法! 父母可以让宝宝帮忙挑选食材,在烹煮时,也让他/她在旁边做些力所能及的小事,或者给宝宝最不爱的食物(例如胡萝卜),**借着认识、接触这些平日不爱的食材,让他/她对这些食物不再讨厌或畏惧,慢慢地,也许就能逐渐增加宝宝对这些食物的兴趣了。**

如何把吃饭变得很有趣?

● 改变烹饪方式,把不喜欢吃的食材重新包装,例如做成饺子、煎饼等。

● 让宝宝自己选择餐具,或者把菜色变成可爱的模样,例如宝宝喜欢的动物形状等,增加宝宝对吃饭的兴趣。

● 偶尔在家里做一些外面摊贩卖的食物,如面线、小笼包等。

● 利用食材编故事,让宝宝对食材更亲切、好奇,同时让宝宝一起参与制作餐点,都是不错的方法。

如何培养宝宝尝试吃新食物的欲望?

很多宝宝都会排斥新食物,即使是其他人公认的超级美食,也无法提高宝宝的食欲。其实宝宝的饮食偏好跟成人不一样,不过只要使用的方法得当,就可以让宝宝愿意尝试新的食物。

首先,**新食物最好不要单独出现,可以让它跟宝宝喜欢的食物一起混着烹煮,减少排斥感;其次,新的菜色也要先上桌,让宝宝在饿的时候,先吃到新食物;**此外,食物光是可口还不够,最好能够加入摆盘和造型或吃法的创意等,都能逐渐吸引宝宝对新食物产生兴趣。

用餐气氛可以营造吗?

● 父母要以身作则，建立好的榜样。例如用餐时不讨论工作，以和缓的态度教导宝宝餐具的使用方法及用餐礼仪，尽可能在和谐安静的气氛下用餐。

● 可以利用朋友或家族聚餐的机会，增加孩子对食物的喜好度。因为和其他的孩子一起愉快地用餐，能增进宝宝的食欲。

● 不要在饭桌上训话，如果孩子不听话，尽量避免当场斥责，或逼他吃东西，但也不可过于放任。

● 减少在外面用餐，让回家吃饭变成理所当然的事。

● 宝宝生病时，不要给予新的食物，以免日后有错误的联想。

什么是好的饮食习惯?

宝宝的饮食习惯需要从小养成，父母可把下面准则当作家庭规范:

● 早餐很重要，绝对不要不吃或匆匆敷衍了事。

● 养成饭前洗手、饭后刷牙或漱口的好习惯。

● 要有良好的餐桌礼仪。

● 不要在宝宝面前批评菜肴。

● 广泛摄取各种食物，并解释这些食物的功能。

如何培养正确的饮食习惯呢?

● 家里尽量不要摆放零食。

● 不要在饭前让宝宝吃零食。

● 全家人一起在餐桌前用餐。

● 固定吃饭时间，30分钟后就将饭菜收拾干净。

● 不要让宝宝有期待其他食物的机会。

宝宝是偏食还是挑食?

偏食就是挑食吗?

　　偏食是指宝宝的饮食内容偏重于某几种食物,以至于无法获取身体所需的完整营养成分。至于挑食,有时只是排斥某些食物,但仍旧可以用同一类的食物来代替不足的营养成分,对健康的危害不会太大。不过,不论偏食或挑食,都会养成宝宝不正确的饮食习惯,应尽可能改正。

宝宝为何会偏食?

　　根据专家学者分析指出,宝宝出现偏食的原因,通常不外乎是婴儿时期断奶或添加辅食的时间不当、食物烹调不当、父母或照顾者本身就有偏食的行为、父母或照顾者任由宝宝偏食、强制宝宝摄取某些食物而造成抗拒心理、父母或照顾者没有营养观念,甚至有可能是宝宝用偏食来吸引父母的注意等。

偏食怎么办?

●让宝宝从小接触各式各样的食物。

●经常增加各种食物出现的次数,让宝宝经常看到、听到和吃到不同的食物。

●鼓励宝宝尝试新的食物,或在喂食宝宝排斥的食物时,从少量开始,可以多试几次,等宝宝熟悉后,再慢慢增加分量。

宝宝生病，吃中药好吗?

凡事皆需经过验证，才可以使用在人体上，尤其是药物。若**中药确实有应用在小儿的实例，且大规模研究证实对人体安全、有效才可使用。**否则在此之前，使用于宝宝需非常谨慎，需请中医师评估。

发热的定义?

发热是指致热原直接作用于体温调节中枢，体温中枢功能紊乱或各种原因引起的产热过多、散热减少，导致体温升高超过正常范围的情形。人的体温正常范围一般为36～37℃，判定是否发热，最好是和自己平时同样条件下的体温相比较，若超过37.4℃可定为发热。**但若是介于37.5~38℃，虽看似可能正常，且宝宝有感冒或其他不舒服的现象时，则需慎密观察体温变化。**

至于测量体温最准确的方式，**婴儿以肛温最接近身体的中心温度。对于年纪稍长的幼儿，耳温和肛温的相关性很高，可量耳温来取代肛温。**

宝宝发热时怎么吃?

当宝宝生病发热时，除了就医吃药，也应该在饮食上多费心:

● 适时给予水分补充。

● 补充维生素。

● 增加食物热量，如果胃口不佳，可以将食物用高热量的方式烹煮，例如在面或粥里加个蛋等。

● 增加蛋白质，例如多补充鱼、肉、蛋、奶、豆浆等食品。

● 补充矿物质，因为发热会让身体损耗一些矿物质，可以给予一些蔬菜汤、果汁或牛奶等来补充。

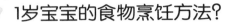

1岁宝宝的食物烹饪方法?

1岁以后,已经可以逐渐脱离辅食阶段,进入和成人相同的主食阶段。需留意饮食营养均衡,包括摄取五谷根茎类、鱼肉蛋奶类、油脂类和蔬菜水果类。

● 采取少油、少盐的烹煮方法。

● 食物煮烂一点,不要太干或太硬。

● 食物仍以不需要长时间咀嚼就能吞咽的状态为佳。

● 应切小段,尤其是高纤维食物要切碎一点。

便秘的定义?

便秘通常是指大便过硬不容易排出,少于平日的解便频率。宝宝经常在排便后肚子仍胀胀的,感觉没有排干净;有些宝宝虽然2~3天才排1次便,但排便很顺利,就不算是便秘。

如果孩子超过2天没有排便,不用过度紧张;除非超过4天都没有排便,且大便过硬不易排出,或排便带血丝,就需要特别留意是否有便秘。

便秘宝宝怎么吃?

● 增加高膳食纤维的食物。因为膳食纤维能促进肠胃益生菌的生长,同时还能吸收肠内水分,使粪便体积增加,刺激肠道蠕动。例如多吃蔬菜、香蕉、木瓜等。

● 让宝宝吃饭细嚼慢咽,对维持正常的消化及吸收功能有帮助。

● 不吃无营养价值的"垃圾点心",如饼干、糖果等,不但食物中的纤维少,而且影响了正餐食欲,吃得少就相对容易便秘。

● 碳酸饮料在体内代谢时需要大量水分,所以喝完碳酸饮料,就会感觉越喝越渴。

● 多喝水及进行适当的活动。

● 确认宝宝进食量与进食内容,即是否吃太少与是否吃得对,以查找便秘原因。

腹泻的定义?

腹泻是指婴儿每天每千克体重的粪便超过10克，儿童或成人每日粪便量大于200克。不过，通常很少用秤来秤量排便的重量是否超过此标准。

因此临床上评估的方法是，**如果宝宝的排便频率比平日增加，且粪便的形状变得稀水，同时有水分及电解质排出的现象，就可以说是腹泻**。腹泻又可分成急性腹泻和慢性腹泻；若腹泻时间超过2周以上，则称为慢性腹泻。

腹泻宝宝的饮食重点?

宝宝的成长速度逐渐增加，需要足够的营养。1岁以上的宝宝能接受各种食物，但肠胃吸收功能有时不如成人，有时偶然消化不良也会容易腹泻。

此外，夏天气温高，细菌也容易繁殖，若吃了不干净的食物，或卫生习惯差，也容易增加细菌感染的机会。这时的**饮食重点只要掌握清淡、少油腻、少调味料、少糖即可**，等到腹泻舒缓后，再慢慢调回原来的饮食状况。

喉咙发炎的定义?

宝宝受病菌感染后，若此病菌由飞沫或空气传染，**常造成喉咙发炎，并会引起发热、食欲不好、声音沙哑的症状**。喉咙发炎的原因很多，最常见为病毒或细菌传染。此外，吃入不洁食物、物品，或外伤（如鱼刺刺伤）等，都会引起喉咙发炎。

喉咙发炎怎么办?

喉咙发炎或扁桃体发炎，最常见的传染途径是经由呼吸道的分泌物传播，而这些病菌容易附着在宝宝身上、玩具、桌椅表面或食物中，可能借由孩子把手或玩具放进嘴里的坏习惯而感染疾病。

因此，预防的最好策略就是"勤洗手"，尽量不要让宝宝挖鼻孔、揉眼睛、咬手指等。不幸感染时，也应该多喝温水或凉开水，不要喂食过于刺激或太热的食物，并且视情况就医接受治疗。

食物过敏的症状?

如果吃了食物不久后,出现类似荨麻疹的症状,如皮肤痒、出现疹块、水肿且呼吸不顺畅时,就表示可能对刚刚吃的食物有过敏的现象。**所谓的食物过敏,是指身体把食物当成抗原,进而产生一系列过度的免疫反应。**食物过敏的症状,通常会出现在消化道(胃灼热、呕吐、腹泻等)、皮肤(发疹、红斑、瘙痒等)或呼吸道(气喘、胸闷、鼻炎等)。

如何预防宝宝食物过敏?

● 父母或双方家族中的成员若已确认对某一食物过敏,母亲在怀孕和哺乳期应避开此过敏的食物,但对于其他常见过敏原的食物,并不需要在怀孕期和哺乳期间刻意避开。添加辅食时,此家族过敏食物可以延后至宝宝1岁再喂食。

● 哺乳6个月以上。

● 没有充分的证据显示延迟食用常见的过敏原食物,可以预防食物过敏。建议辅食至少要从4个月后开始,不可晚于10个月,因此阶段是人体对食物过敏耐受性的开始,多尝试不同食物有益于宝宝的免疫。

过敏宝宝怎么吃?

● 每尝试一种新的食物需单独加入,并观察2~4天内是否有过敏变化。

● 学习阅读食品标识,看看有没有会引起过敏的成分。例如,有些宝宝对鸡蛋过敏,对于食物中是否含鸡蛋要特别注意,若吃了如饼干、冰激凌等食物后,需观察一日,看是否出现皮疹。

● 不新鲜的海鲜食品也要尽量少吃。

咕噜~

什么是"半流质食物"？

半流质食物的特点为比较软，容易咀嚼、吞咽和消化，例如粥品就是其一。这类食物的水分多，无法满足1天所需的热量，应该采取1日多餐的方式喂食。

半流质食物的主食可以选择粥、面条、蛋糕、小馄饨、饼干等，辅食则可选择肉末、鱼泥、虾泥等。蛋类则可做成蒸蛋、蛋花汤、炒蛋等；水果可选香蕉、苹果泥及各种果汁；蔬菜类则应剁碎；豆类可食用豆花、豆腐等。

宝宝会过敏的食物一生都不能吃？

很多宝宝随着年纪增加，过敏的反应会改善，因此会过敏的食物，在满1岁后，每半年可以再尝试食用，观察是否有变化；若是3岁以后仍对此食物过敏，原则上一辈子都会对此食物过敏，就需终身避开。例如诊断对于麸质过敏者，终身需避开含麸质的食物。

宝宝贫血的定义？

幼儿最常见的贫血为"缺铁性贫血"和"海洋性贫血"。"缺铁性贫血"是因为体内的铁质减少，导致血红素制造不足所引起的疾病。由于铁质是体内构成血红素、肌红素最重要的成分，因此当铁质摄取不足时，或者有肠胃铁质吸收障碍的宝宝，就可能出现缺铁性贫血。

"海洋性贫血"则是一种基因异常导致的疾病。由于人类的血红素是由4条蛋白质链所组成，而有"海洋性贫血"的人，因为基因突变造成某些蛋白质链的合成不足，因此导致造血失效而出现贫血现象。

缺铁性贫血怎么补充铁质？

● 每天吃富含铁的食物，如动物肝脏、红肉（如牛肉、猪肉、羊肉）及蛋类。

● 多吃深绿色蔬菜，如菠菜、芹菜、油菜等。

● 补充富含维生素C的蔬果，以加强铁质的吸收。

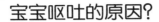

宝宝呕吐的原因?

宝宝出现呕吐最常见的原因,是由病毒性胃炎、胃肠炎,或者胃食道逆流、盲肠炎、喂食过量、食物中毒及药物等所引起,也可能是因为感冒、咽喉炎所引起的呕吐,或因为剧烈咳嗽而引起。

当宝宝出现呕吐现象时,应尽量让他/她坐着或侧躺,并清除口内异物。另外可用温水漱口,去除呕吐的味道。呕吐也可能是一些严重的病症(例如脑膜炎、脑炎)所引起的,因此需要观察宝宝是否有出现发热、畏寒、腹泻、头痛或抽筋、意识不清等现象,若有则需赶紧就医。

宝宝呕吐时的饮食原则?

当宝宝呕吐时,记得要把他扶坐起身,或者把头侧向一边,同时喂食温开水,去除口内异味。若宝宝不想进食,也不要强迫进食,否则容易导致再次呕吐。等到宝宝胃口转好,想吃时再给予少量饮食。给予的食物要清淡,且先从流质食物开始喂起,避免油腻、酸、辣的食物,以免刺激肠道,增加负担,同时也要多喝水,以免发生脱水现象。

 什么是流质食物?

所谓流质食物是指容易消化、吸收,没有渣渣、没有刺激性的食物。

流质食物适用于高烧、衰弱、胃肠炎、口腔有疾病不能咀嚼的宝宝。而为了减轻胃肠道的负担,每餐的流质量不能过多,应少食多餐,1天可以喂食6~8次。由于流质食物的营养成分无法满足一天的热量需求,因此如果病情好转,就要逐渐转成半流质食物。

1~3岁宝宝和大人共食

1小匙＝5毫升　1大匙＝15毫升　1杯＝240毫升

自己做的炒饭才适合宝宝吃？

外面卖的炒饭，油脂过量，不适合给宝宝吃；而自己做炒饭，可方便控制油量，且能加入青椒、芹菜、胡萝卜等蔬菜一起拌炒，但建议蔬菜要切得更小一点，以免被宝宝发现挑起来不吃。

宝宝可以吃五花肉？

成年人因为担心摄取过多油脂，而不敢吃五花肉；1~3岁的宝宝很需要能量来源，五花肉的热量较瘦肉高，而且宝宝的牙齿正在发育，五花肉比里脊肉更适合给宝宝吃。但仍要注意摄取频率不要太高，否则宝宝会养成喜欢高脂饮食的习惯。另外，不鼓励宝宝常食用油炸食物。

什锦炒饭

材料
米饭250克，糙米饭50克，肉丝、虾仁、毛豆、玉米粒各10克，葱1根，鸡蛋1个，淀粉少许。

调味料
油1小匙，盐、酱油各少许。

做法
❶ 葱洗净切葱花；虾仁洗净，以少许盐及淀粉抓一下；鸡蛋打散成蛋液；肉丝、毛豆、玉米粒均洗净。

❷ 热一下油锅，倒蛋液，炒至略熟，放入肉丝和虾仁，翻炒至8分熟，转小火。

❸ 放入米饭和糙米饭，炒松。

❹ 加入毛豆和玉米粒，炒熟；加入盐和酱油，炒匀；起锅前再撒上葱花即可。

寿喜烧盖饭

材料

五花肉2片，圆白菜30克，葱花少许，葱1根，老豆腐60克，鸡蛋1个，米饭250克，洋葱40克，柴鱼高汤适量。

调味料

日式酱油、味酥、糖各适量。

做法

❶ 洋葱、圆白菜洗净，均切丝；老豆腐洗净，切片；鸡蛋打散成蛋液；葱洗净切段；五花肉片洗净。

❷ 热一下油锅，放入老豆腐片，煎至两面全熟，起锅。

❸ 另起一油锅，放入洋葱丝、圆白菜丝，炒软；加入柴鱼高汤、调味料，煮沸；放入五花肉片、老豆腐、葱段，煮至入味；最后倒入蛋液，煮熟。

❹ 起锅后盛在米饭上，撒上葱花即可。

鲜艳的颜色可以引起宝宝的食欲?

宝宝喜欢颜色鲜艳的东西，具有鲜艳色彩的食材，如西红柿、红椒较易引起宝宝好奇，进而尝试去吃。

西班牙海鲜烩饭

材料

大米100克，虾2只，鱿鱼、鸡腿肉、四季豆各20克，蛤蜊2个，西红柿100克，青豆5克，洋葱60克，柠檬20克，红椒1/6个。

调味料

盐适量，鸡高汤适量，蒜末少许，橄榄油1小匙。

做法

❶ 所有材料均洗净。鱿鱼切圈状；鸡腿肉切小块；西红柿、四季豆均切丁；洋葱、红椒均切丝；柠檬挤出汁。

❷ 虾、鱿鱼圈、蛤蜊用开水汆烫；四季豆、青豆以加盐的开水汆烫。

❸ 热一下油锅，加入橄榄油，炒香红椒丝、洋葱丝，捞起。

❹ 锅中放入蒜末，炒香；加入西红柿丁和大米，煮至西红柿出汁，转小火炖煮5分钟。

❺ 加入鸡腿肉块，炒至半熟，放入鸡高汤、虾、鱿鱼圈、蛤蜊，盖上锅盖，焖煮至快熟时，加入四季豆、青豆、红椒丝、洋葱丝，煮熟；起锅前以盐调味。

❻ 食用前，淋上柠檬汁即可。

提示 这是一道营养均衡的菜肴，含五大类食物的营养，并且有各种颜色的蔬菜，非常适合宝宝食用。

亲子丼的蛋要全熟？

真正的亲子丼（日本料理），会加生蛋，对于未满7岁的宝宝来说，不建议食用，以免造成胃肠炎，因此，这道菜肴应该在家做。

亲子丼

材料

鸡胸肉20克，鸡蛋1个，葱花少许，洋葱40克，米饭370克，玉米油1小匙。

调味料

日式酱油、味醂、白糖、盐、鸡高汤各适量。

做法

❶ 鸡胸肉洗净切小块；鸡蛋打散成蛋液；洋葱洗净切丝；调味料混合调匀成酱汁。

❷ 锅中加入玉米油，炒香洋葱丝；放入鸡胸肉块，炒至五分熟；加入酱汁，煮至入味。

❸ 将蛋液以顺时钟方向倒入锅中，盖上锅盖，熄火，闷至蛋全熟，淋在米饭上，撒上葱花即可。

番茄酱是否适合宝宝食用?

番茄酱是宝宝喜欢的调味料之一,但所含的钠离子较高。在加番茄酱调味时,不建议再放盐,以免过咸。另外,烹调时也可搭配新鲜西红柿,减少番茄酱的使用量。

西红柿金枪鱼蛋包饭

材料

罐头金枪鱼20克,西红柿100克,番茄酱1小匙,鸡蛋1个,色拉油1小匙,米饭370克。

做法

❶ 西红柿洗净切小丁;将金枪鱼和西红柿丁拌匀。

❷ 鸡蛋打散成蛋液,热一下油锅,倒入蛋液,煎成蛋皮,起锅。

❸ 另热一油锅,加入米饭,炒松;放入步骤❶食材、番茄酱,炒至均匀,用蛋皮包裹即可。

茄汁通心面

材料

西红柿100克，洋葱40克，通心面80克，猪肉馅20克，芝士粉2小匙，橄榄油1小匙，香芹碎少许。

调味料

盐、白胡椒粉各少许。

做法

❶ 西红柿、洋葱均洗净切小丁。

❷ 取一汤锅，加水、少许盐及油，水开后放入通心面约煮7分钟，捞起过冷水。

❸ 热锅，倒入橄榄油，炒香洋葱丁；放入猪肉馅，炒熟；放入西红柿丁，焖煮至开。

❹ 倒入通心面煮熟，以盐、白胡椒粉调味，起锅。

❺ 食用前，撒上芝士粉和香芹碎即可。

夏天到了，宝宝没有食欲怎么办?

在炎炎夏日中，冰冰凉凉的食物比较能引人食欲，鸡丝凉面是一道营养均衡又能提供健康油脂的菜肴，很适合夏日食用。

鸡丝凉面

材料

鸡胸肉30克，面条180克，胡萝卜20克，小黄瓜40克。

调味料

芝麻酱1.5大匙，不甜的花生粉、白醋、酱油、香油各1小匙，开水少许。

做法

❶鸡胸肉用开水煮熟，剥成细丝，放凉。

❷胡萝卜（去皮）、小黄瓜均洗净切丝；调味料调匀成酱汁。

❸煮一锅开水，放入面条，煮熟，捞起后用冷开水冲，再用冰块冰镇后，捞起沥干装盘。

❹在面条上放小黄瓜丝、胡萝卜丝、鸡肉丝，再淋上酱汁即可。

蚂蚁上树

材料

粉条2把，猪肉馅15克，姜末、蒜末、白芝麻各少许，麻油
1小匙，开水1杯。

调味料

豆瓣酱、酱油各1/4小匙，糖少许。

做法

❶ 粉条用温水浸泡至软，沥干，剪成小段。

❷ 热一油锅，放入猪肉馅，用大火快炒至散，加入姜末、蒜
末、豆瓣酱，翻炒至匀，加入1杯开水、酱油、糖，用大火拌
煮至汤汁烧开，放入粉条，转小火继续煮。

❸ 待汤汁完全收干，粉条呈透明状时，关火，起锅，撒上麻
油、白芝麻即可。

 提示

翻炒粉条时，锅铲要不断翻动，粉条才不会黏成一
团，甚至粘锅底。

蛋饼加了豆渣更营养?

豆渣是黄豆磨浆后剩下的渣，含有丰富的膳食纤维，加入蛋饼中可补充一般蛋饼所缺乏的膳食纤维。豆渣可向卖现磨豆浆的商家索取或购买，若1次用不完，可分装冷冻，烹调前再解冻。

豆渣蛋饼

材料

鸡蛋1个，开水少许，中筋面粉4大匙，淀粉1/2大匙（过筛），葱花适量，豆渣1/2大匙，色拉油1小匙。

调味料

盐少许。

做法

❶ 中筋面粉、过筛淀粉和豆渣加开水调匀成糊。

❷ 热一下油锅，抹上少许色拉油，倒入面糊，再以中小火煎成圆形饼皮。

❸ 鸡蛋打散成蛋液，加入盐、葱花，搅拌均匀。

❹ 另热一油锅，抹上少许色拉油，倒入蛋液，趁表面尚未完全凝固前铺在饼皮上，煎熟即可，可依宝宝喜好佐以番茄酱。

面疙瘩

材料

中筋面粉6大匙，淀粉1/2大匙，猪肉丝20克，干香菇2朵，韭菜、芹菜各1小段，高汤2杯，水适量。

调味料

酱油、盐各适量，香油1小匙。

做法

❶ 中筋面粉、淀粉和水拌匀，揉成面团，做成面疙瘩。

❷ 猪肉丝用酱油腌10分钟。

❸ 香菇泡水至软，洗净切丝。

❹ 热一下油锅，爆香香菇丝，放入猪肉丝炒香；倒入高汤，煮开。

❺ 将面疙瘩放入锅中煮熟；再加入韭菜段、芹菜段、盐、香油，煮熟即可。

烤披萨

材料

厚片吐司、红椒、青椒、洋葱各1片，焗烤用芝士、金枪鱼各1大匙。

做法

❶ 红椒、青椒、洋葱均洗净切丝。

❷ 将干净金枪鱼铺在吐司上，放上红椒丝、青椒丝、洋葱丝，撒上芝士，放入烤箱以200℃烤10~15分钟即可。

提示
1.这道菜肴富含维生素A、维生素C、钙质。2.建议选用低盐的芝士，减少盐的摄取量。

水饺

材料

水饺皮12张，圆白菜250克，猪肉馅70克。

调味料

姜末、葱末、盐、酱油、香油各少许。

做法

❶圆白菜洗净剁碎，加盐略腌，压出水分，再加入猪肉馅、调味料，拌匀，分成12等份，包入饺子皮内。

❷食用时用开水煮熟即可。

提示 也可将圆白菜换成大白菜或玉米等蔬菜。

虾肉馄饨汤

材料

馄饨皮14张，虾2只，猪肉馅70克，上海青2株，豆芽菜、韭菜各少许。

调味料

酱油、香油、姜末各少许。

做法

❶虾洗净去壳，挑出肠泥，剁碎；上海青洗净，切末。

❷将猪肉馅、虾泥、上海青末、调味料拌匀，分成14等份，包入馄饨皮中。

❸食用时，用大骨汤烧开后加入馄饨煮熟，再放入洗净的豆芽菜、韭菜即可。

寿司

材料

大米1/2杯，肉松1大匙，小黄瓜60克，胡萝卜40克，鸡蛋1个，海苔片适量。

调味料

醋、白糖各1大匙，盐1/2小匙。

做法

❶ 调味料混合调匀成酱汁。

❷ 大米煮熟成米饭，均匀拌入酱汁，用扇子扇凉。

❸ 鸡蛋打散成蛋液，倒入油锅中，煎成饼状，起锅切成丝。

❹ 小黄瓜、胡萝卜均洗净切条。

❺ 将饭平均铺在海苔上，撒上肉松，铺上蛋丝、小黄瓜条、胡萝卜条，以竹帘卷起，压紧，切段即可食用。

盐烤带鱼

材料

带鱼1片，盐、柠檬汁各适量。

做法

❶ 带鱼洗净，在鱼的两面划几刀，较易熟透。

❷ 在鱼身抹上盐后，放入200℃烤箱烤15分钟。

❸ 食用前淋上柠檬汁即可。

提示　带鱼有刺，1~2岁的宝宝需由父母先把鱼刺挑出来；等到宝宝会自行使用餐具后，才让他/她学习自行吃鱼，但吃鱼时需让宝宝专心，不要和其他菜一起吃，以免吃到鱼刺。

牡蛎豆腐

材料

牡蛎2粒，传统豆腐140克，葱花、蒜末、香菇素蚝油、淀粉各少许。

做法

❶ 牡蛎洗净蘸淀粉，放入开水中汆烫，沥干水分。

❷ 豆腐洗净切小块。

❸ 热一下油锅，爆香蒜末、葱花，放入豆腐块、香菇素蚝油，煮至入味，再放入牡蛎，煮熟即可。

提示

牡蛎富含锌。缺乏锌的宝宝会生长迟缓、消化不良、胃口差。

豆干炒肉丝

材料

豆干1块，猪肉丝25克，葱1段。

调味料

酱油2小匙，白糖1/2小匙，香油1小匙。

做法

❶ 豆干洗净切条；葱洗净切小段；猪肉丝用酱油略腌。

❷ 热一下油锅，用小火爆香葱段，放入豆干条、白糖、香油，转大火，炒2分钟至水分收干，加入猪肉丝，炒熟即可。

提示

豆腐比肉类多了膳食纤维。若是吃素，建议小朋友吃蛋奶素；若吃全素，需另外增加海带类食物，以补充维生素B_{12}。

猪肉蔬菜卷

材料
猪腿肉薄片2片,绿竹笋300克,胡萝卜80克,柠檬汁适量。

调味料
盐、胡椒、味醂各少许。

做法
❶ 绿竹笋以沸水烫过,洗净切条状。

❷ 胡萝卜洗净切条,以开水氽烫。

❸ 将猪肉片洗净后摊开,将胡萝卜条、绿竹笋条卷起,撒上盐、胡椒。

❹ 热一下油锅,猪肉卷接缝处朝下,入锅煎熟;翻面,转小火,煎至全熟;加入味醂,煎至水分收干,起锅。

❺ 猪肉卷对半斜切,淋上柠檬汁即可。

肉丝炒芹菜

材料
芹菜50克,里脊肉20克,芥花油1小匙,蒜末、姜末各少许。

调味料
酱油、盐各少许。

做法
❶ 芹菜去硬梗洗净切段;里脊肉洗净切丝,用酱油略腌。

❷ 热锅加芥花油,爆香蒜末、姜末,放入芹菜段、肉丝,炒熟,加入盐,炒匀即可。

> **提示**
> 芹菜特有的香味,会增进食欲;也因本身有香味,所以少放点盐,也不会太影响口感。

芝士菠菜牛肉卷

材料

牛腿肉薄片2片，菠菜2根，芝士2小匙，橄榄油1小匙，西红柿200克。

调味料

盐、胡椒各1小匙。

做法

❶ 西红柿洗净切小丁。

❷ 菠菜洗净在加盐的开水中氽烫后，再过冰水，沥干，切除根部（只取菜叶），和盐、胡椒拌匀。

❸ 牛腿肉薄片摊平，包入菠菜、芝士，用牙签固定。

❹ 热一下油锅，放入牛肉卷，煎熟，加入西红柿丁，炖煮至熟即可。

青椒炒牛肉

材料

青椒1/3个，牛肉40克，色拉油1小匙，大蒜1头。

调味料

酱油1小匙，糖1/2小匙。

做法

❶ 青椒、牛肉均洗净切丝；大蒜洗净切末。

❷ 牛肉丝用酱油略腌15分钟。

❸ 热一下油锅，爆香大蒜末，放入牛肉丝，炒至半熟，捞起。

❹ 锅中放入青椒丝、糖，炒至熟软入味，再放入牛肉丝，炒熟即可。

提示

牛肉虽然可以吃半生熟，但对宝宝来说还是要吃全熟的。

柠檬风味烩鸡翅

材料

鸡翅2只，香菇2朵，竹笋1小块，洋葱60克，红椒、青椒各2片，姜末、蒜末少许。

调味料

番茄酱、水各1大匙，白糖、柠檬汁各1～1.5大匙，酱油、盐、胡椒、酒各少许。

做法

❶ 鸡翅洗净，在鸡翅内侧划刀；干香菇泡水至软。

❷ 除姜末、蒜末以外蔬菜均洗净切条状。

❸ 鸡翅用盐、胡椒、酱油略腌，放入电锅煮熟。

❹ 热油锅，爆香姜末、蒜末，加剩余调味料煮匀，放入所有食材烩煮熟即可。

甜豆荚炒鸡肉

材料

甜豆荚60克，樱花虾1克，鸡胸肉30克，沙茶酱1/2小匙，酱油少许。

做法

❶ 甜豆荚去老筋洗净，用加盐的开水烫熟，过冷水，沥干。

❷ 鸡胸肉洗净，切小块。

❸ 热一下油锅，爆香洗净的樱花虾、沙茶酱，再放酱油、鸡胸肉块、甜豆荚炒熟即可。

提示　樱花虾富含钙质，有益宝宝的骨骼发育。

猪蹄冻

材料

去骨猪蹄（含皮较多的部分）500克，花椒少许，枸杞子适量，盐、酱油、冰糖各1大匙，老姜1/4条，姜片少许。

做法

❶ 将所有材料收拾干净，然后放入开水中，慢火炖煮2小时成猪蹄汤。

❷ 取出猪蹄，切成小片。

❸ 猪蹄汤过滤杂质，将1/2的汤倒入模具中，放入猪蹄肉片，放凉；待猪蹄冻快成形时，再倒入剩余汤汁，放入冰箱冷藏。

❹ 食用前，将猪蹄冻切片即可。

胡萝卜煎蛋

材料

胡萝卜20克，鸡蛋1个，葵花油1小匙。

做法

❶ 胡萝卜去皮洗净切丝；鸡蛋打散成蛋液。

❷ 将胡萝卜丝、蛋液混合拌匀。

❸ 以葵花油热锅，倒入胡萝卜蛋液，煎熟，再切成方便食用的条状即可。

提示

胡萝卜富含胡萝卜素，可转换成维生素A，能促进眼睛健康和维持上皮组织的完整性。胡萝卜素属于脂溶性的营养成分，需用油炒，才能够带出其营养。

凉拌茄子

材料

茄子100克，大蒜1个，素蚝油1/2小匙。

做法

❶ 茄子洗净切条状，用加盐的开水烫熟，捞起，泡冰水过凉后捞起沥干。

❷ 大蒜洗净切末，和素蚝油拌匀，淋在茄条上即可食用。

炒双花

材料

菜花、西蓝花各2朵，橄榄油1/2小匙，盐少许，大蒜1/2头。

做法

❶ 菜花、西蓝花均洗净切小朵；大蒜洗净切末。

❷ 热一油锅，加入橄榄油，爆香蒜末，加入西蓝花、菜花、盐，炒熟即可。

开洋白菜

材料

包心白菜50克，虾米、姜丝各少许。

做法

❶ 包心白菜洗净切段。

❷ 热一油锅，爆香虾米、姜丝，加入包心白菜段，煮至熟烂即可。

双菇浓汤

材料

杏鲍菇、秀珍菇各60克，洋葱30克，蒜末少许，牛奶240毫升，橄榄油1小匙，面粉1大匙，高汤1杯。

调味料

盐、胡椒各少许。

做法

❶ 杏鲍菇、秀珍菇、洋葱均洗净切片。

❷ 热一下油锅，加入橄榄油，爆香洋葱片、蒜末，加入杏鲍菇、秀珍菇炒匀，加入1杯高汤煮沸，再加入面粉煮匀最后倒入果汁机，搅打至匀。

❸ 另起一汤锅，倒入步骤❷食材和牛奶，用小火煮开，加盐、胡椒拌匀即可。

玉米浓汤

材料

玉米酱、玉米粒各1/4罐，鸡蛋1个，胡萝卜丁5克，高汤适量。

做法

❶ 鸡蛋打散成蛋液；玉米粒、胡萝卜丁洗净。

❷ 起一汤锅，加入高汤煮沸，再放入玉米酱、玉米粒拌匀，加入胡萝卜丁煮开，最后倒入蛋液，煮开即可。

提示

玉米富含胡萝卜素、黄体素和玉米黄质等，有助于保护宝宝视力；鸡蛋富含蛋白质，有助于促进宝宝的成长发育。

圆白菜浓汤

材料

圆白菜40克，洋葱40克，土豆20克，牛奶1杯，高汤适量。

做法

❶圆白菜、洋葱（去皮）、土豆（去皮）均洗净切丁。

❷起一汤锅，倒入高汤煮开，放入圆白菜丁、洋葱丁、土豆丁，炖煮至熟软。

❸将步骤❷食材倒入果汁机中搅打至匀。

❹另起一汤锅，倒入步骤❸食材、牛奶，煮开即可。

丝瓜蛤蜊汤

材料

丝瓜50克，蛤蜊8个，姜丝少许，水适量。

做法

❶丝瓜洗净，切滚刀块；蛤蜊泡水吐沙洗净。

❷起一汤锅，倒入适量的水，煮开，加入姜丝、丝瓜块，煮至丝瓜块熟软，加入蛤蜊，煮熟即可。

黄豆芽排骨汤

材料

黄豆芽30克，排骨2块，高汤适量。

做法

❶排骨洗净切小块，氽烫去血水；黄豆芽洗净。

❷起一汤锅，倒入高汤，煮开，放入排骨，炖煮至熟，加入豆芽煮熟即可。

红豆汤

材料

红豆2大匙，糖1大匙，水1.5碗。

做法

❶ 红豆泡水2小时。

❷ 取内锅，倒入红豆、1碗水、糖，放入电锅内，外锅加1/2碗水，焖煮至熟软即可。

芋头西米露

材料

芋头1/2个，西米1小匙，糖20克，全脂牛奶240毫升，椰浆30毫升，水适量。

做法

❶ 芋头去皮，洗净切小块。取一锅，加入适量水、西米煮开，关火闷至西米呈透明状，捞起，浸泡冰水。

❷ 牛奶、椰浆、糖拌匀，和芋头一起倒入锅中，炖煮至芋头熟软。

❸ 将西米和步骤❷食材混合拌匀即可。

莲子银耳汤

材料

莲子10粒，干银耳3朵，糖2小匙。

做法

❶ 干莲子泡水4小时（若是新鲜莲子则不必泡水，去芯洗净即可）；干银耳以热水泡开。

❷ 取内锅，倒入莲子、银耳，放入电锅中，炖煮至熟软后，加糖拌匀即可食用。

虾仁吐司

材料

吐司、紫苏叶各2片，山药1小段，草虾2只，黑、白芝麻及淀粉少许。

调味料

盐、酱油、味酥、酒各少许。

做法

❶ 草虾去壳，挑出肠泥，洗净剁碎；山药去皮洗净，蒸熟，捣成泥。

❷ 将草虾、调味料、山药泥混匀。

❸ 吐司单面蘸少许淀粉，抹上步骤❷食材，撒上黑、白芝麻，放片紫苏叶。

❹ 热一下油锅，待油温至160℃，放入吐司，慢慢提高油温炸至透，起锅前转大火炸一下，捞起，沥干即可。

红薯球

材料

红薯100克，糖粉1小匙，红薯粉1大匙，糯米粉2小匙，水适量。

做法

❶ 红薯去皮洗净，切小块，用电锅蒸熟，压成泥。

❷ 红薯泥、糖粉、红薯粉、糯米粉和水混匀，搓揉成小球状。

❸ 热一下油锅，放入红薯球，用小火油炸，不断翻动；红薯球浮出油面时，用锅铲按压，红薯球才会呈中空状。

❹ 红薯球表面炸成金黄色，转大火将油分逼出，即可起锅。

香蕉蛋糕

材料

A料：过筛低筋面粉140克，过筛泡打粉1匙，白糖100克，盐1/4小匙。

B料：橄榄油80毫升，鸡蛋2个（打成蛋液）。

C料：牛奶50毫升，熟香蕉1根去皮切片。

做法

❶烤模抹上一层薄薄的橄榄油或铺上烤盘纸，预热烤箱至175℃。

❷将A料混合均匀与B料放入打蛋盆中，使用电动搅拌器，搅打至颜色发白且体积变大，加入C料拌匀。

❸将拌匀后的料倒入烤模，烘烤40分钟，取出，静置5分钟再将蛋糕倒出即可。

草莓冰沙

材料

草莓9颗。

做法

❶草莓洗净，放入冰箱冰冻。

❷待草莓结冻后，放入果汁机打成冰沙状即可。

提示

　　1～3岁的宝宝，需摄取适量的维生素C，可提高免疫力，草莓正是富含维生素C的水果。

橙子苹果酸奶

材料

酸奶1盒，橙子、苹果各120克。

做法

❶ 橙子、苹果均洗净，去皮，切小块。

❷ 将橙子块、苹果块和酸奶拌匀即可。

水煮毛豆

材料

毛豆40克，盐、黑胡椒各适量。

做法

❶ 煮一锅开水，加入盐和洗净的毛豆，煮开，转小火焖煮至熟，捞起。

❷ 毛豆去壳装盘，撒上黑胡椒即可。

蔬菜条沙拉

材料

西芹100克，小黄瓜50克，胡萝卜30克，杧果肉50克，酸奶1/2罐。

做法

❶ 杧果肉、酸奶放入果汁机中，搅打均匀，做成蘸酱。

❷ 西芹、胡萝卜、小黄瓜均洗净切条状，食用时蘸酱即可。

雪花糕

材料

玉米粉、糖各2小匙，奶粉1大匙，椰浆2大匙，鸡蛋1个，椰子粉1小匙，水40毫升。

做法

❶ 玉米粉和10毫升的水混匀；奶粉和30毫升的水混匀；鸡蛋取蛋清。

❷ 将玉米粉、奶粉、椰浆混匀倒入锅内，边搅动边煮成浓稠状，起锅。

❸ 蛋清放入碗中，加糖打发，和步骤❷食材混匀，倒入模型，放入冰箱冷藏。

❹ 食用时，蘸上椰子粉即可。

腰果奶

材料

腰果15颗，糖2小匙，牛奶240毫升。

做法

洗净的腰果、牛奶、糖倒入果汁机中，搅打均匀即可。

提示

　　腰果含有不饱和脂肪酸，是人体所需的必需脂肪酸，是提供作为人体组织和细胞膜、皮肤的组成营养元素之一。

品质悦读｜畅享生活